BÄRBEL STEINBERGER
KATRIN SCHUMANN

ALTE GEMÜSEPFLANZEN WIEDERENTDECKT

Aus Großmutters Garten
mit fabelhaftem Geschmack

BÄRBEL STEINBERGER
KATRIN SCHUMANN

ALTE GEMÜSEPFLANZEN WIEDERENTDECKT

Aus Großmutters Garten mit fabelhaftem Geschmack

Inhalt

VERSCHWUNDENE VIELFALT

KULTURPFLANZENVIELFALT ist durch die züchterische Tätigkeit von Bauern und Bäuerinnen entstanden. Diese samenfesten Sorten waren und sind die Basis jeglicher Agrarkultur. Ihr Anbau ist nicht altmodisch, sondern dient der Erhaltung besonderer Eigenschaften. Geschmack, Robustheit und Formenvielfalt alter und seltener Sorten führen nicht nur zu einer Wahrnehmungs- und Bewusstseinsänderung ihrer jetzigen Anbauer, sie sollten auch für kommende Generationen erhalten werden.

So funktioniert Salatanbau im großen Stil, denn der Handel verlangt einheitliche Ware. Doch im privaten Gemüsegarten ist Sortenvielfalt angesagt. Kreative Kombinationen in Mischkultur haben sich hier bewährt.

Altes Gemüse, moderne Zeiten

Sie schmeckt erdig, etwas bitter, aber zugleich ein wenig süß. Sie ist hart, ein bisschen faserig, beim Kauen knackt es hörbar. Der Gedanke »Wurzel« kommt mir in den Sinn. Erst allmählich entfaltet sich ihr volles, würziges Aroma – köstlich. Das ist kein wässriges, blass-oranges Möhrchen, das ist eine richtige Gelbe Rübe. Es gibt sie noch, zum Glück – zwar nicht im Supermarkt für 49 Cent pro Kilo, eingeschweißt im Plastikbeutel, sondern bei der Marktfrau, in der Gemüse-Abo-Kiste oder aus dem eigenen Garten.

Wie alles begann und wo wir heute sind

»Agrobiodiversität«, heute ein Schlagwort in Politik, Medien und Forschung, umfasst die gesamte biologische Vielfalt in Natur, Landwirtschaft und Gartenbau. Im Rahmen der Ökologiebewegung wurde dieser Begriff geprägt und führte dazu, dass die Gesellschaft begann, sich mehr mit dem Thema Kulturpflanzenvielfalt zu beschäftigen. Genbanken, historische Berichte, alte Saatgutkataloge wurden interessant. Vergessene Sortenlisten, vererbte Kochbücher und mündliche Überlieferungen zeugen von einem Reichtum an Kulturpflanzen, wie ihn sich heute kaum mehr jemand vorstellen kann.

Und wo war der Ursprung dieser Vielfalt? Schon früh sammelten die Menschen Samen von Wildpflanzen, säten sie aus, vermehrten sie und selektierten die Pflanzen nach bestimmten Eigenschaften. Allmählich züchteten sie daraus Kulturpflanzen und verbreiteten sie weiter. Die in Kultur genommenen Pflanzen hätten in der freien Natur zum Teil gar nicht mehr überleben können. Weil der Mensch eine »Nische« für sie schuf, sie gezielt anbaute, pflegte und vermehrte, hat er die Vielfalt der vorhandenen Formen stetig erhöht.

DER UNTERGANG FÜR VIELE SORTEN

Der 30. Juni 1980 ist als »Schwarzer Freitag« in die Geschichte der europäischen Gemüsevielfalt eingegangen. An diesem Tag triumphierte nach Ansicht von GRAIN (Genetic Resources Action International) die Technokratie über den gesunden Menschenverstand – und über das Verantwortungsgefühl für die Vielfalt unserer Pflanzen. Mit einem Federstrich ließen Brüsseler Bürokraten per Dekret 1.500 Sorten von 23 Gemüsearten verschwinden. Hintergrund dieser Schreibtischaktion: Um Klarheit in den Sortenkatalog zu bringen, hatte die Europäische Kommission ausgerechnet die großen Saatgutfirmen gebeten, alle Sorten aufzulisten, die sie für Duplikate hielten. Hoch erfreut präsentierten die Firmen eine Liste von 1.547 Gemüsesorten, die gestrichen werden sollten. Tatsächlich waren allerdings nur knapp 38 % dieser Sorten Duplikate. Die restlichen 1.000 Gemüsesorten waren wenig profitable Nicht-Hybriden und traditionelle Sorten, die nicht angemeldet waren, also niemandes Eigentum, und damit eine unerwünschte Konkurrenz der Saatgutfirmen. Verloren gingen beispielsweise 89 % aller Tomatensorten und 86 % aller Gurken- und Melonensorten. Die Liste der verschwundenen Vielfalt ist lang.

aus: manuscriptum, Handbuch der Lebensmittel

EBENEN DER AGROBIODIVERSITÄT

- Agrarökosysteme
- Arten – bei Pflanzen, die keine reinen Kulturpflanzen sind, auch deren wild wachsende Verwandte und Unkräuter
- Kultursorten und -rassen
- Genetische Diversität innerhalb der Sorten und Rassen

aus: Arche Noah, Kulturpflanzenvielfalt

Völkerwanderungen, Entdeckungsreisen und Handelsbeziehungen brachten im Laufe der Jahrhunderte neue Gewächse aus aller Herren Ländern. So wurden etwa Amarant, Rote Rübe und viele Kräuter von den Römern in Mitteleuropa verbreitet. Aus Amerika kamen unter anderem Kartoffel, Bohne, Kürbis und Tomate dazu. Sie alle wurden in der neuen Heimat züchterisch weiterentwickelt, bis sie zum jeweiligen Standort »passten«. Ein langer Weg von Mutation, Selektion und Kreuzung. Regionale Sorten entstanden, die am besten mit Boden und Klima der Umgebung zurechtkamen. Einige dieser Sorten wurden über Generationen hinweg innerhalb einer Familie, eines Dorfes oder eines Landstriches weitergereicht und waren oft Grundlage typischer Gerichte.

Etwas Unersetzliches wurde so über Jahrhunderte aufgebaut. Doch heute müssen wir zusehen, wie dieses Kulturgut in rasantem Tempo verloren geht. Angefangen hat es mit der Verdrängung traditioneller Kulturarten durch neu eingeführte Nutzpflanzen nach der Entdeckung der Neuen Welt. Gartenmelde *(Atriplex hortensis)* und Guter Heinrich *(Chenopodium bonus-henricus)*, diese alteingesessenen Spinatpflanzen, konnten sich gegen den Echten Spinat *(Spinacia oleracea)* nicht lange behaupten. Das bekannteste Beispiel ist jedoch die Kartoffel. Ihre Einführung durch Friedrich den Großen (1744) hatte zur Folge, dass Pflanzen wie die Kohl- oder die Speiserübe, aber auch andere Gemüsearten wie die Pastinake, die vorher als Grundnahrungsmittel dienten, allmählich von den Äckern und Tischen verschwanden.

So manche Kultur wurde aufgegeben, weil ihr Anbau und ihre Nutzung im Vergleich zu anderen wirtschaftlich uninteressant wurden. Die Aussicht auf höhere Erträge und der große Arbeitsaufwand der eigenen Saatgutgewinnung veranlassten viele Anbauer von traditionellen Sorten, zu den angebotenen Zuchtsorten zu wechseln. Der Wandel von der eigenen Saatgutvermehrung über den Saatguttausch hin zum überregionalen Saatguthandel war vollzogen.

Die zunehmende Industrialisierung der Landwirtschaft leistete mit der Zeit ebenso ihren Beitrag wie der einsetzende Konzentrationsprozess bei den Saatgutzüchtern. Dazu kamen Gesetze und Verordnungen, die den Handel mit Saatgut regelten. So gibt es etwa den Sortenschutz, der besagt, dass Saatgut nur mit einer Zulassung von staatlicher Seite in Verkehr gebracht werden darf. Der Sortenschutz vieler alter Sorten ist jedoch abgelaufen, also dürfen sie nicht mehr legal gehandelt werden. Das stellt eine große Hürde dar, wenn man alte Landsorten wiederbeleben und verbreiten will. Der Tausch oder das Verschenken von Saatgut ist hier ein Ausweg, den viele begeisterte Gärtner wählen.

Wegen der strengen Sortenschutz-Regelung verschwanden in Deutschland und Österreich viele ältere Gemüsesorten aus dem Handel. In der Schweiz hingegen besteht bis heute keine Zulassungspflicht für Gemüse. Die Menge regionaler Sorten, die sich dort halten konnten, ist daher sehr groß. Viele osteuropäische Länder wiederum kannten bis zur Wende ausschließlich staatliche Züchtungen, daneben zahlreiche Lokal- oder Hofsorten. Diese sind seit der Öffnung zum internationalen Saatgutmarkt vom Verschwinden bedroht. Hier gilt es zu handeln.

Denn von der riesigen Vielfalt, die einst auf Feldern und Beeten wuchs, ist nur ein mickriger Rest Grünzeug für das Supermarktregal geblieben. Einfalt satt Vielfalt! Nicht nur unendlich viele Farben und Formen sind von den Tellern verschwunden, sondern auch Geschmacksnuancen. Doch genau dieser besondere Geschmack ist es, der Geschmack der Kindheit, den viele Menschen inzwischen vermissen. Nun hat die Spitzengastronomie diesen Geschmack in alten Gemüsearten und -sorten wieder entdeckt und bringt eine neue Vielfalt auf die Teller. Und nur so können sie überleben, die alten Schätze: wenn sie gegessen werden.

Wer jedoch nicht weiß, wie man ein Gemüse zubereitet, der wird es auch nicht kochen. Wenn es nicht gekocht wird, wird es auch am Markt nicht nachgefragt und somit vom Bauern nicht mehr angebaut. Ein Teufelskreis! Diesen gilt es zu durchbrechen. Überlieferte Rezepte sowie kreative Ideen machen neugierig und tragen dazu bei, dass diese alten Pflanzen auch in Zukunft ihren Platz haben.

RARE ERDÄPFEL

Wir bieten Ihnen hier schmackhafte Kartoffelraritäten an – als Exponate für die Vitrine. Aus gutem Grund: Böten wir sie als Pflanzkartoffeln oder als Mischung verschiedener Speisekartoffeln an, bedürften sie einer gesonderten Zulassung.
Deshalb: Lassen Sie die Knollen weder in einen Kochtopf noch in ein vorbereitetes Kartoffelbeet fallen – Letzteres vor allem dann nicht, wenn Sie sie einige Wochen vor dem Legen zwischen den Augen geteilt haben sollten, denn dann wachsen noch viel mehr daraus, und das darf nicht geschehen.

aus: manufactum, Monatsbrief Nr. 2

Raritäten vom Kartoffelacker: 'Sieglinde' und 'Blauer Schwede'

Überleben ist schwierig – das Saatgutverkehrsgesetz

Der **Sortenschutz** ist ein dem Patent vergleichbares Ausschließlichkeitsrecht und schützt das geistige Eigentum an Pflanzenzüchtungen. Er wurde in der Bundesrepublik Deutschland 1968 im Rahmen des Gesetzes über Sortenschutz und Saatgut von Kulturpflanzen (SortSchG) eingeführt. Er soll dem züchterischen Fortschritt in Landwirtschaft und Gartenbau dienen. Eine Pflanzensorte ist demnach schutzfähig, wenn sie unterscheidbar, homogen, beständig und neu ist und zudem eine eintragbare Sortenbezeichnung hat. Sortenschutz wird nur auf Antrag erteilt. Der Antrag ist gebührenpflichtig. Der Sortenschutz hat die Wirkung, dass allein der Sortenschutzinhaber berechtigt ist, Vermehrungsmaterial (Pflanzen, Pflanzenteile, Samen) einer geschützten Sorte zu gewerblichen Zwecken in Verkehr zu bringen. Die Dauer des Sortenschutzes beträgt mit einigen Ausnahmen 25 Jahre. Für eine Verlängerung sind Gebühren zu entrichten.

Seit 1985 gibt es außerdem das **Saatgutverkehrsgesetz** (SaatG). Es regelt das »In-Verkehr-Bringen« von Saatgut und Vermehrungsmaterial. Es besagt unter anderem, dass Saatgut zu gewerblichen Zwecken nur dann in Verkehr gebracht werden darf, wenn es als Vorstufensaatgut, Basissaatgut oder zertifiziertes Saatgut (in den Sortenlisten eingetragen, amtlich überprüft und vor dem Verkauf anerkannt) ausgewiesen ist.

Das Gesetz soll den Saatgutverbraucher schützen und die Versorgung der Landwirtschaft und des Gartenbaus mit hochwertigem Saat- und Pflanzgut gewährleisten. Es reglementiert aber die Möglichkeit der Versorgung mit Saatgut stark. Im Jahr 2008 begann die EU-Kommission, das Saatgutverkehrsrecht zu überarbeiten. Die gegenwärtige Praxis der Sortenzulassung soll reformiert werden. Die Vermarktung von Landsorten sowie von Sorten, die vom Aussterben bedroht sind, soll erleichtert werden. Diese »Erhaltungsrichtlinie« verfehlt jedoch ihr Ziel, dem Verlust der biologischen Vielfalt in der Landwirtschaft entgegenzuwirken und das Saatgutrecht zu vereinfachen. Im Gegenteil: Sie stellt unsinnige Anforderungen, die mit großem Kontrollaufwand verbunden sind. Die bürokratischen Hürden für die Eintragung von Erhaltungssorten sind so hoch, dass die Verbreitung bisher nicht eingetragener Sorten weiter verhindert wird. Jahrhundertelang haben regionale Sorten die menschliche Ernährungsvielfalt und -sicherheit gewährleistet. Nun droht die Landwirtschaft in eine Abhängigkeit von Konzernen zu gelangenn.

Sortenvielfalt fördern

Für unsere Ernährungssouveränität ist Vielfalt aber eine wichtige Grundlage. Für die Erhaltung und Entwicklung dieser Vielfalt muss die europäische Saatgutgesetzgebung Zeichen setzen. Das bedeutet eine Vielfalt von Sorten und Produzenten entgegen einem Markt für wenige Sorten und Unternehmen. Ein dem einstigen US-Außenminister und Friedensnobelpreisträger Henry Kissinger zugeschriebenes Zitat aus den 1970er-Jahren lautet: »Wer das Öl kontrolliert, hat die Kontrolle über ganze Nationen. Wer die Nahrungsmittel kontrolliert, hat die Kontrolle über das ganze Volk.« Etwas salopper gesagt: Wer die Saat hat, hat das Sagen. Wohin geht der Weg?

Der Mensch hat die Aufgabe, verantwortungsvoll zu handeln: Er trägt Verantwortung gegenüber der Vergangenheit, in der über Generationen hinweg die heutige Kulturpflanzenvielfalt entstanden ist, und er trägt noch mehr Verantwortung gegenüber der Zukunft, für deren Generationen es gilt, diese Vielfalt zu erhalten und weiterzuentwickeln. Die Zeit ist reif, aktiv zu werden – denn Kulturpflanzenvielfalt ist Lebensqualität.

Geschmackskultur – Schönheit allein reicht nicht

Dass die im Supermarkt gekauften Tomaten keinen Geschmack haben, daran haben wir uns fast schon gewöhnt. Auch andere Obst- und Gemüsearten sind eher geschmacksneutral und nur in wenigen verschiedenen Sorten erhältlich. Woran liegt das? Es sind die Mechanismen des Marktes: Nachfrage und Angebot.

GESCHMACK UND GUSTATORISCHE WAHRNEHMUNG

Der Geschmack ist wie der Geruch ein chemischer Sinn. Er wird über in Papillen liegende Geschmacksknospen mit chemisch empfindsamen Zellen auf der Zunge wahrgenommen, wobei die Geschmacksknospen Zellen für unterschiedlichen Geschmack enthalten können.

Geschmacksqualitäten

Geschmack wird über sechs Geschmacksqualitäten erkannt: süß, sauer, salzig, bitter, umami und fettig. Umami (jap.: wohlschmeckend) wurde schon 1907 von dem japanischen Wissenschaftler Kikunae Ikeda entdeckt. In geringem Maße findet sich dieser Geschmack bei Spargel, stärker bei Tomaten, Zubereitungen aus Algen, reifem Käse und Fleisch. Deutlich ist er in menschlicher Muttermilch, sehr stark bei Aminosäuren, insbesondere bei L-Glutamat. Seit in den 1990er-Jahren spezifische Geschmackszellen für umami gefunden wurden, gilt seine Existenz als eigenständiger Geschmack als wissenschaftlich gesichert. Der Fettgeschmack wurde im Jahre 2005 von französischen und amerikanischen Wissenschaftlern an der Universität von Dijon in Frankreich zunächst im Tierversuch, 2011 dann auch beim Menschen nachgewiesen. Es wird vermutet, dass es eine Reihe von weiteren Geschmacksrichtungen gibt. Genannt werden hier beispielsweise metallisch, alkalisch bzw. basisch oder wässrig. Der Nachweis solcher und anderer Geschmacksqualitäten wird aktuell erforscht. Geschmack und Aroma sind also nicht identisch. Das Aroma wird von den Geruchssinnen im Mund-Rachen-Raum wahrgenommen, nicht von der Zunge. Beim Kauen werden Geschmack und Aroma gleichzeitig wahrgenommen und verstärken sich gegenseitig. Aroma und Geschmack werden also von zwei chemischen Sinnen aufgenommen und gemeinsam im Gehirn ausgewertet. Es gibt beispielsweise keinen Erdbeergeschmack. Wir empfinden eine Mischung von Aromen, die uns an Erdbeeren erinnern, gemeinsam mit einer Mischung von süßem und etwas saurem Geschmack. Geschmack hat eine wichtige biologische Funktion. Süß und Fettgeschmack weisen uns auf bestimmte Nährstoffquellen hin. Sauer kann den Appetit anregen, kann aber auch auf Verderbnis hinweisen. Bitter weist oft auf Gifte hin. Umami hilft beim Finden von Eiweißquellen.

aus: www.lebensmittellexikon.de

Die Händler konzentrieren sich auf bestimme Sorten, die sie in gleichbleibender Qualität in großen Mengen billig kaufen können. Landwirte bauen die Sorten an, die ihnen empfohlen werden. Meist sind das F_1-Hybriden großer Züchtungsfirmen mit vielen Vorteilen: Sie sehen alle gleich aus, haben Krankheitsresistenzen, wachsen zügig und reifen alle gleichzeitig. Sie sind leicht zu ernten, lassen sich lange lagern, gut transportieren und erfolgreich vermarkten. Was will man mehr? Geschmack kann man da nicht auch noch erwarten.

Sie tragen so klangvolle Namen wie Guter Heinrich, Barbarakraut, 'Kremser Perle' (Tomate), 'Bamberger Hörnla' (Kartoffel) oder 'Ochsenherz' (Möhre) und stellen ein wahres Erlebnis für die Geschmacksknospen dar. Viele dieser alten Gemüsearten und -sorten sind weitaus aromatischer als ihre modernen Nachfahren. Bitterstoffe, die Speichelfluss und Verdauung anregen, wurden ihnen nicht weggezüchtet. Sie zeichnen sich aus durch prägnante Aromen, die sie vom faden Einheitsgemüse klar unterscheiden.

Meist finden sich in ihnen auch mehr Vitamine, Mineralstoffe und sekundäre Pflanzenstoffe. Alte Gemüse sind gesunde Gaumenfreuden, die mittlerweile von Sterneköchen, Gourmetrestaurants, aber auch von Hobbyköchen wiederentdeckt werden. Oft ist über die Zubereitung dieser Raritäten wenig bekannt. Das sorgt für die grenzenlose Freiheit, auszuprobieren, Kreativität walten zu lassen und ihr Potenzial »herauszukitzeln«.

Neue Geschmackserfahrungen ohne Exoten, ohne Geschmacksverstärker, ohne naturidentische Aromastoffe: So kann der Weg zu einer neuen Geschmackskultur aussehen. Wir sollten wieder Geschmacksexperten werden. Dazu braucht es Übung. Wer nur Standard kennt, kann keine feinen Unterschiede schmecken – was für ein Mangel an Genuss.

Genuss pur: Erbsen frisch aus der Hülse

Süßdoldenfrüchte: zum Vernaschen köstlich

Gut, sauber und fair

Als Gegenmodell zu Fast Food wurde 1986 in Italien die Organisation »Slow Food« gegründet. Sie ist »eine weltweite Vereinigung von bewussten Genießern und mündigen Konsumenten, die es sich zur Aufgabe gemacht haben, die Kultur des Essens und Trinkens zu pflegen und lebendig zu halten« (aus: www.slowfood.de). Um etwas gegen den rapiden Verfall der geschmacklichen Vielfalt der Lebensmittel zu unternehmen, wurde 1996 das Projekt »Arche des Geschmacks« ins Leben gerufen. Wie einst Noah mit seiner Arche Tiere vor der Sintflut rettete, nimmt »Slow-Food« vom Aussterben bedrohte Nutztiere, Nutzpflanzen und traditionelle Lebensmittel in die »Arche des Geschmacks« auf und sichert deren Existenzen. Ein Netzwerk aus Erzeugern, Händlern und Gastronomen soll die bedrohten Passagiere der Arche retten – gemäß dem Motto: »Essen, was man retten will«. 91 der insgesamt über 6200 Passagiere kommen aus Deutschland. Darunter 21 Gemüsesorten mit so bekannten Gewächsen wie das 'Bamberger Hörnla', das 'Filder Spitzkraut' oder das 'Teltower

AUSWAHL AN ARCHE-PASSAGIEREN

- **Bamberger Hörnla:** Eine fränkische Delikatesse: fingerförmige, gelbfleischige Kartoffel mit feinem, nussigem Geschmack.
- **Bamberger Rettich:** Neben dem Hörnla eine weitere Rarität aus Franken. Weiß und würzig – mit einer leicht scharfen Note, perfekt für die Brotzeit.
- **Bautzener Kastengurke:** Eine historische Gurkensorte aus der Oberlausitz, früher im sogenannten »Kalten Kasten« gezogen. Sie ist robust, knackig und aromatisch.
- **Bremer Scheerkohl:** Ein früher, schnittfähiger Kohl mit feinen Blättern – traditionell als Frühlingsgemüse verwendet. Norddeutsche Rarität mit großem Erhaltungswert.
- **Filder Spitzkraut (Spitzkohl):** Ein milder, spitzköpfiger Weißkohl von den Fildern (Baden-Württemberg), traditionell als Sauerkraut verwendet.
- **Höri Bülle:** Eine historische rote Zwiebelsorte von der Höri-Halbinsel im Bodensee, die vor allem für Salate verwendet wird.
- **Ismaninger Kraut:** Ein lokal bedeutender Weißkohl aus Ismaning (nahe München), kräftig im Geschmack und vielseitig als Kraut oder Krautsalat verwendbar.
- **Kasseler Strünkchen:** Zarter, früher Romanasalat mit kräftigem Geschmack, der einst in Kassel als Spezialität geschätzt wurde.
- **Kölner Palm:** Eine alte Kultursorte des Feldsalates aus Ville bei Köln. Besonders geeignet für den Überwinterungsanbau.
- **Lippische Palme:** Ein Grünkohltyp mit langen Stielen – winterhart und kräftig im Geschmack. Typisch für die westfälische Hausmannskost.
- **Maiwirsing:** Ein besonders zarter, früher Wirsing, der bereits im Frühjahr geerntet wird. Sehr mild und feingliedrig. War früher im Köln-Bonner Raum bekannt.
- **Teltower Rübchen:** Klassiker der brandenburgischen Küche. Kleine, würzige Herbstrüben mit feiner Süße und pfeffriger Schärfe.

Die komplette Liste finden Sie unter https://www.slowfood.de

Rübchen', aber auch weniger bekannte wie der 'Maiwirsing', die 'Alb-Linse', die 'Höri Bülle' und das 'Kasseler Strünkchen'.

Sie alle sind es laut »Slow Food« wert, für die Nachkommen erhalten zu werden. Sie erfüllen die Aufnahmekriterien, bei denen unter anderem folgende Aspekte wichtig sind:

- einzigartige geschmackliche Qualität
- in ihrer Existenz bedroht
- frei von gentechnischer Veränderung
- historische Bedeutung
- identitätstiftender Charakter für die Region
- Unterstützung der nachhaltigen Entwicklung einer Region

Mit dem Wissen, dass biologische Vielfalt regionale Wurzeln besitzt, bewahrt die »Arche des Geschmacks« das kulturelle Erbe der Regionen. Als Maßstab für die Qualität der Arche-Passagiere gilt die von Gründer Carlo Petrini herausgegebene Slow-Food-Maxime: »Buono, pulito e giusto – gut, sauber und fair«.

»Gut« steht dabei für herausragende, geschmackliche Qualität, »sauber« heißt mit Rücksicht auf die Natur produziert und »fair« versucht eine Aussage zu machen über die Arbeitsbedingungen und den Preis. Die zunehmende Entfremdung der Bevölkerung von der Landwirtschaft hat bei vielen Leuten zu einer Haltung geführt, die man als »Agrarschizophrenie« bezeichnen könnte. Auf der einen Seite würden sie den Anbauer ihres Kopfsalates am liebsten persönlich kennen lernen, auf der anderen Seite kaufen sie aber den Kopf für 59 Cent im Supermarkt und denken sich nicht einmal etwas dabei.

Vielleicht steht »gut, sauber und fair« für den Anfang einer neuen, regionalisierten Agrarordnung und einer neuen Lebensmittelsouveränität, die ganz im Gegensatz zu dem steht, was Erwin Wagenhofer in seinem Film über den weltweiten Lebensmittelhandel »We feed the world« anprangert.

Erdbeeren im Winter? Essen im Rhythmus der Jahreszeiten

Bei einem Blick auf das Gemüseangebot in den Supermärkten könnte man glauben, in einer Welt ohne Jahreszeiten zu leben. Salat, Tomaten, Gurken, Gelbe Rüben, Erdbeeren und Birnen sind immer im Angebot, egal ob gerade Sommer ist oder Winter. Trägt das zur Lebensqualität bei?

Alles zu jeder Zeit zur Verfügung zu haben, bedeutet keinen Luxus, sondern Einschränkung. Zum einen, weil einem die Vorfreude auf ein Produkt genommen wird, etwa auf die Erdbeeren oder auf den ersten Feldsalat. Zum anderen, weil die Qualität dieses »Ganzjahresangebotes« sehr zu wünschen übrig lässt. Denn Obst und Gemüse leben nach der Ernte weiter und verändern sich während ihres teils sehr langen Transports und ihrer Lagerung. Sie müssen oft unreif geerntet, bestrahlt oder begast werden, um alle Strapazen zu überstehen und möglichst lange einen guten Eindruck zu machen.

Ob Spargelsaison oder Grünkohlernte: Obst und Gemüse, das zu seiner Zeit auf den Markt kommt, ist besonders frisch, ausgereift und schmeckt viel besser als von weither eingeflogenes. Außerdem hat es weniger Kilometer auf dem Buckel – »Food Miles« genannt – und ist schon allein dadurch umweltfreundlicher.

Lokalen Gemüsen den Vorzug geben

»Local« ist das »neue bio« schrieb die »Times«. Wie wahr, wenn man bedenkt, dass es einen globalen Markt für Bioprodukte gibt und diese zum Teil unglaublich weite Wege zurücklegen, bis sie auf dem Teller der Menschen landen, die sich eigentlich gesund und umweltbewusst ernähren möchten. Zum Glück kommt die Ernährung nach Saison wieder in Mode.

Ernährungsfachleute haben herausgefunden, dass das Immunsystem von einer jahreszeitlichen Ernährung profitiert. Das heißt, dass Gemüse, nach Jahreszeit verspeist, den Körper genau mit den Mineralstoffen,

Vitaminen und sekundären Pflanzenstoffen versorgt, die er zu dieser Zeit besonders benötigt. Während der Winter von kräftigen Gemüsearten wie Kohl, Sellerie und Kartoffeln bestimmt wird, die sich für wärmende und sättigende Eintöpfe eignen, locken im Frühjahr Radieschen, Spinat, Salat, Rhabarber und Spargel.

Im Sommer gibt es Obst und Gemüse satt mit Erdbeeren, Himbeeren, Erbsen, Tomaten, Gurken und noch vielem mehr. Und im Herbst kann man sich gar nicht entscheiden, so groß ist das Angebot an Äpfeln, Birnen, Zwetschgen, Gelben und Roten Rüben, Mangold und nicht zu vergessen: Kürbissen. Lässt man dann noch beim Kochen seine Fantasie etwas spielen, kommt es zu neuen, überraschenden Geschmackserlebnissen, die weit entfernt liegen vom globalen Massengeschmack.

Guter Geschmack, gutes Gewissen und gute Gesundheit: drei gute Gründe, die für »local« sprechen. Und wenn das Gemüse nicht aus dem eigenen Garten kommen kann, dann vielleicht aus der regionalen Abo-Gemüse-Kiste.

'Mieze Schindler' gibt's garantiert nicht im Winter.

Gemüse aus dem eigenen Garten, das schmeckt nicht nur besser, sondern ist immer auch regional und saisonal. Zusätzlich kann man auch Sorten ziehen, die es im Supermarkt nicht oder selten gibt – ein Beitrag zur Sortenvielfalt.

Im Trend – Gemüse selbst anbauen

Gemüse selbst anzubauen, gilt heutzutage als schick. Eine neue Geisteshaltung spiegelt sich darin wider. Man will nicht nur gutes Obst und Gemüse kaufen, noch besser fühlt es sich an, Obst und Gemüse selbst anzusäen, selbst auszupflanzen und selbst zu ernten. Das ist nicht nur Selbstversorgung mit gesundem Grün, sondern in gewisser Weise auch Lebensschule. Geduld und Umsicht sind gefragt bei den Erfahrungen mit Erde und Samen, Wetter und Zeit. Der Kreislauf vom Samen zur Pflanze und wieder zum Samen fasziniert. Rückschläge bleiben nicht aus, fordern aber heraus und Erfolg macht süchtig. Wie sonst könnte man es erklären, dass mittlerweile jeder vierte Großstädter in Deutschland eigenes Gemüse anbaut. Der schon seit einiger Zeit aktuelle Begriff LOHAS (lifestyle of health and sustainability = Lebensstil der Gesundheit und Nachhaltigkeit) bezeichnet eine Gesellschaftsschicht, die nachhaltig leben möchte.

Landwirtschaft im Kleinen

In New York gedeiht Gemüse auf Flachdächern von Firmen, in Berlin wächst der »Prinzessinnengarten«, in dem die Hauptstädter ihr Gemüse aus großen Kisten ernten können, die Platz auf Brachflächen finden. Und in München sprießen in vielen Krautgärten am Stadtrand tatsächlich Kraut und Rüben. In der Schweiz hat sich eine Gruppe formiert, die sich mit »urban farming« beschäftigt. »Rostlaube« heißt ein Projekt in Berlin, »Farm: shop« eines in London und »Walden 21« ein weiteres in Rotterdam. Sie alle wollen neue, innovative Lösungen für die lokale Produktion von Lebensmitteln entwickeln. Bücher über Schrebergärten und Urban Gardening (Christa Müller [Hg.]) erscheinen und Filme wie »Eine andere Welt ist pflanzbar« (Ella v. d. Haide) oder »Gründämmerung« (George Eich) entstehen.

Dieses neu erwachte Interesse für Nutzgärten ist sicher Ausdruck für die Sehnsucht, wieder mit den eigenen Händen zu arbeiten. In einer von Hektik und Technik bestimmten Welt suchen die Menschen Entschleunigung und Natur. Man möchte die Erde an den Fingern riechen, unmittelbar sehen, was man mit seiner Hände Arbeit bewirken kann: Analog leben in einer digitalisierten Welt. Erdung ist wohl der richtige Ausdruck dafür. Und genau diese Erdung empfinden viele, wenn sie in ein frisch geerntetes, knackiges Radieschen beißen oder die sonnenwarmen, aromatischen Erdbeeren noch am Beet auf der Zunge zergehen lassen.

Gemüseselbsternte ist in. In Deutschland, Österreich und der Schweiz macht sie geradezu Furore. Ein neuer Gartentyp ist entstanden: **Selbsterntegärten** in oder vor den Großstädten. Sie tragen Namen wie »Meine Ernte«, »Bauerngarten«, »Saisongarten« oder »Zukunft säen« und sind mittlerweile bei allen Alters- und Milieuschichten so begehrt, dass Interessenten immer häufiger zunächst auf einer Warteliste landen.

Das Prinzip ist fast immer das gleiche: Landwirte bauen auf Äckern in Stadtnähe Gemüse an, biologisch versteht sich, und verpachten Teilabschnitte davon an Freizeitgärtner. Je nach Zeit, Geld und eigenem grünem Daumen gärtnern diese in ihren Parzellen und werden dabei vom Landwirt mit Rat und Tat unterstützt.
Der eine vertraut auf das Rundum-Sorglos-Paket mit Erntegarantie, der andere baut selbst zusätzliche Arten und Sorten an. Und dann sind nicht Allerweltsgemüse gefragt, sondern welche mit Charakter. Sie müssen schon etwas haben, was sie von ihren Artgenossen im Supermarkt unterscheidet. Sie sollen Kindheitserinnerungen wecken, Geschmackserlebnisse bieten und außergewöhnlich aussehen – oder auf irgendeine andere Weise besondere Gemüse sein.

Bunte Blumen bringen Farbe ins Beet und locken Bestäuberinsekten in den Garten.

Meine Bohnen – deine Bohnen: Die Ernte reicht für alle.

Generationengärten und interkulturelle Gärten

Die Bandbreite des Gärtnerns hat sich vergrößert. Aber es geht nicht nur um ökologisches oder kulinarisches Interesse. Gemüse zu pflanzen und zu ernten, kann auch verbinden. Durch das Gärtnern mit Gleichgesinnten ergeben sich soziale Kontakte – zwischen Städtern und Bauern, zwischen Einheimischen und Zugezogenen, zwischen Alten und Jungen. In sogenannten »community gardens«, die je nach Gesinnung interkulturelle oder generationenübergreifende Begegnungen fördern, entsteht ein Dialog und mit ihm ein Lernen auf beiden Seiten und ein gegenseitiges Verstehen und Annehmen.

Saatguttausch fördert Gemeinschaft

Werden Samen und Pflanzen aus der alten in die neue Heimat gebracht, trägt das wortwörtlich zum Wurzelnschlagen bei. Über interkulturelle Gärten kommen Türken, Vietnamesen, Italiener, Osteuropäer … und Einheimische nicht nur an eigenes Gemüse, sondern auch miteinander ins Gespräch. Im Gegensatz zu deutschen Städtern haben die Migranten, die oft ländlicher Herkunft sind, noch das Wissen, wie man Gemüse anbaut, und erfahren Anerkennung, die ihnen sonst versagt bleibt. Man tauscht sich aus über Gemüse und Kräuter, über Anbaumethoden und Kochrezepte und so entstehen neue Formen der Gemeinschaft und Integration über die Beete hinweg. Aber das Tauschen von Saatgut verbindet nicht nur die Menschen. Es ist zudem ein wichtiger Weg zur Erhaltung und Weiterverbreitung landwirtschaftlicher Vielfalt.

Interkulturelle Gärten sind somit Schnittpunkt von Natur, Kultur und Sozialem und werden in jeder Gartensaison neu erfunden. Sie bereichern alle Seiten: die Migranten, die Einheimischen, die Umwelt und die Nutzpflanzenvielfalt. Eines ist sicher: Es müsste mehr davon geben.

Ein Generationenband knüpfen

Was zwischen Migranten und Einheimischen funktioniert, kann auch zwischen Alten und Jungen klappen. Beide bewegen sich im Alltag in weitgehend voneinander getrennten Welten. Doch gemeinsam gärtnern ist eine von vielen Möglichkeiten, das Band zwischen den Generationen neu zu knüpfen. Alte Menschen verfügen oft über reiche Kenntnisse und Erfahrungen in diesem Bereich, die mangels eigenen Gartens oft brachliegen. Dagegen wissen manche Kinder nicht, dass die Erbsen nicht im Gefrierbeutel gewachsen sind.

Die gemeinsame Begegnungsstätte heißt Garten. Die Natur spricht alte und junge Menschen gleichermaßen an. Dort können sie etwas gemeinsam schaffen. Für die Senioren sind Kinder und Garten wie ein Jungbrunnen. Sie haben eine Aufgabe, vor allem aber das Gefühl, gebraucht zu werden, denn sie können ihren Erfahrungsschatz weitergeben. Für die Kinder hat endlich jemand Zeit. Sie lernen, dass Erde nicht »igittigitt« ist, sie können die Natur erleben und sie haben, was in der heutigen Zeit immer wichtiger wird, statt virtueller reale Erfolgserlebnisse: Ringelblumen zum Pflücken, Kürbisse zum Aushöhlen oder Radieschen zum Essen. Das gemeinsame Säen, Jäten, Gießen, Ernten und auch Essen fördert den Kontakt und lässt so manches Wissen um Kulturpflanzen nicht ganz verloren gehen.

Spätestens dann, wenn die Kinder als Erwachsene daran denken, dass da mal »Alte« waren, die ihnen gezeigt haben, wie man Gelbe Rüben sät, erinnern sie sich auch an deren Geschmack und daran, dass man die selbst anbauen kann. Und genau dann feiert das Projekt »Generationengarten« seinen größten Erfolg.

Augenschmaus und Gaumenfreude

Einst unerlässliche Quelle für die Eigenversorgung der Klöster sowie die Belieferung der höfischen und adligen Küche mit Gemüse, Obst und Kräutern, sind die historischen Küchengärten heute fast gänzlich in Vergessenheit geraten. Adel und Klerus liebten die Kombination von Genuss und Schönheit. Der heute größte Küchengarten weltweit, der »Potager du Roi« des Renaissanceschlosses Villandry an der Loire, wurde im 16. Jahrhundert unter Ludwig XIV. als irdisches Paradies konzipiert, er war der reinste Prunk auf Erden.

Mit seinen buchsbaumumsäumten Beeten, in denen die ausgefallensten Pflanzenkombinationen zu bestaunen sind, ist er ein lebendes Denkmal und dient gleichzeitig vielen anderen Potagers (Küchengärten) als Vorbild. Gemüse, Kräuter, Blumen und Obst sind kunstvoll kombiniert, ergeben Muster, beeindrucken durch ihr Farben- und Formenspiel – eine ungewöhnliche, bestaunenswerte Mischung aus Ästhetik und Nutzen. Zum Glück ließen sich in den letzten Jahren sowohl Gartendesigner als auch Privatgärtner von dieser extravaganten Art der Pflanzenverwendung inspirieren.

Ob in »West Dean Gardens« und »Walmer Castle« (England), in »Kasteel Twickel« und »Kasteel Muiderslot« (Niederlande), am »Chateau Saint Jean d'Beauregard« oder am »Chateau de Miromesnil« (Frankreich): der »Potager du Roi« ist zum Vorbild einer neuen Gartengeneration geworden. Auch in Deutschland begeistert dieses Thema mittlerweile, und alte Schlösser werden mit ihm wiederbelebt. Ob am Schloss Eutin, am Schloss Benrath oder im Hofgarten Veitshöchheim: Der Küchengarten lebt und mit ihm die Verwendung alter Gemüsearten und -sorten in ihrer unglaublichen Vielfalt. Krauser Grünkohl neben fedrigem Dill, lilafarbene Bohnen zu magentafarbener Melde und pink gestreiftem Mais: das Experimentierfeld ist groß, der Gärtner braucht nur etwas Mut und Leidenschaft. Nach Jean de la Quintinye, Leiter des Potagers am Hof Ludwigs XIV. von Frankreich, sollte ein Küchengarten drei Grundeigenschaften besitzen: Nutzbarkeit, Schönheit und Bequemlichkeit. Das ist auch in der heutigen Zeit gefragt. Es gilt, den Reiz des schönen Gemüses zu entdecken: die filigranen Blüten der Zucchini, die rot-grün gesprenkelten Salatköpfe, die winzigen gelben Johannisbeertomaten, den mächtigen Blütenstand des Rhabarbers oder die imposante Erscheinung des Palmkohls.

Gemüse, schön fürs Auge

Betrachtet man das Gemüse nicht nur kulinarisch, sondern auch optisch, ist man verwundert, wie viele Gemüse zum Beispiel höchst attraktive Blätter haben, die sich in Größe, Form, Farbe und auch Textur stark voneinander unterscheiden. Oder aber, wie viele unterschiedliche Formen die Gattung Kürbis hervorbringt, von der Variabilität der Tomaten ganz zu schweigen.

Die Kombinationsmöglichkeiten sind unendlich. Jahr für Jahr besteht die Kunst darin, ästhetische Aspekte mit den Anforderungen einer gesunden Mischkultur zu vereinbaren. So kann sich jeder im eigenen Garten seinen persönlichen »Potager« gestalten und Augenschmaus mit Gaumenfreude verbinden. Was die Bequemlichkeit betrifft, die der Hofgärtner damals als dritten Punkt aufzählte, muss man aber erwähnen, dass es ganz ohne Arbeit nicht funktioniert. Nur mit sorgfältiger Planung, Pflanzung und Pflege ist ein Abbild von Villandry zu schaffen. Doch der Lohn für diese Mühen ist gewiss: Ein paar zuckersüße Erdbeeren hier, ein paar frisch gepalte Erbsen dort und ein pflückfrischer krauser Blattsalat zum Abendessen – so sieht »Feinschmecken« aus. Hat man erst einmal den Blick für die Schönheit von Gemüse bekommen, fällt es manchmal schwer, es zu ernten. Auberginefarbene Kapuzinererbsen erfreuen eben fast mehr das Auge als den Gaumen.

Blick in einen abwechslungsreichen Gemüsegarten: Buchshecken gliedern den Garten in Wege und Beete. Feuerbohnen, bunter Mangold und Krauskohl sowie blühende Pflanzen bringen Farbe ins Spiel.

Das Prachtgemüsebeet – schön und nützlich zugleich

Ein Gartenbeet kann man in ein wahres Prachtgemüsebeet verwandeln, das Sie über Wochen verzaubern wird. Nicht der Nutzen steht hier an erster Stelle, sondern die Augenweide und die Lust an ungewohnter Kombination von Gemüsen mit ansprechender Gestalt, hübschen Blattformen und -farben. Ein Nutzgarten kann eben auch verführerisch schön sein. Im Herbst wandert dann ein Teil des Gemüses in den Kochtopf: Der Sommer wird nochmals einverleibt.

So wird gepflanzt!

Die Pflanzen des Prachtgemüsebeets gehören vorwiegend zu den Starkzehrern, das bedeutet, sie benötigen reichlich Nährstoffe, vor allem Stickstoff. Vor der Pflanzung gibt man deshalb eine große Portion Kompost aufs Beet und arbeitet ihn oberflächlich in den Boden ein. Sinnvoll ist zu Beginn eventuell eine zusätzliche Düngung mit Hornmehl oder nach der Pflanzung mit

DAS PRACHTGEMÜSEBEET

Art	Besonderheit
Cardy	silberlaubig, große Blätter; braucht Platz; Cardy ist mehrjährig (mit Winterschutz!), ab 2. Jahr blaue Blüten; er kann aber im Herbst des ersten Jahres gebleicht werden (mit schwarzem Plastik ummanteln), die Stängel können nach 3–4 Wochen gekocht werden
Federkohl 'Hoher Roter Krauser'	magentaroter Federkohl; wird recht hoch; gewelltes Laub; Blätter erst nach dem ersten Frost essen
Palmkohl 'Nero di Toscana'	dunkelgrün; etwas kleiner als Federkohl; weniger frosthart
Rote Gartenmelde	einjährig; hält nicht die ganze Saison; rasch wachsend; kann pinciert werden und wächst dann buschiger; versamt sich leicht, wird aber nicht lästig; wenn die Blätter Ende August braun werden, können sie entfernt werden; rote Blätter wie Spinat verwenden
Roter Mangold	dekorative rotstielige Sorte; Verwendung wie der gewöhnliche Krautstiel
Winterlauch	bläulich bereifte Blätter; frostresistent; Winterlauch überwintert draußen und blüht wunderschön im 2. Jahr
Rote Bete 'Non Plus Ultra' oder 'Bull's Blood' (alternative Sorte)	dekoratives dunkles Laub mit durchscheinenden Farbtönen in Gelb und Grün; in kleinen Gruppen eher am Beetrand pflanzen; Ernte vor dem ersten Frost
Lattich 'Forellenschluss'	rot-grün gesprenkeltes Laub; wenn er zu blühen beginnt, nach Belieben entfernen; zum Verzehr vor der Blüte ernten; in die Lücke kann nochmals Salat gepflanzt werden
Stangenbohne 'Blauhilde'	blauhülsig mit blauen Ranken; können den Sommer hindurch geerntet werden

Brennnesseljauche. Cardy, Federkohl und Palmkohl wachsen nur prächtig, wenn sie mit genügend Nährstoffen versorgt werden.

Gepflanzt wird relativ dicht, die Pflanzendecke soll sich bald schließen. Bei der Verwendung von Prachtgemüsen wird ebenso vorgegangen wie bei Zierpflanzen. Sie werden also nicht wie Gemüse üblicherweise in Reih und Glied gepflanzt. Man unterscheidet sogenannte Leitstauden, das sind die stattlichen und dominanten Pflanzen, die »Chefs« im Beet, und ihre kleineren Begleiter. Zuerst platziert man die Gemüse mit Leitfunktion. Dies sind Cardy und Stangenbohne. Den Ort für die Stangenbohnen markiert man mit Bohnenstangen: Man steckt drei davon im Abstand von 50–60 cm in den Boden, sodass sie ein Dreieck bilden. Die oberen Enden bindet man zusammen. Die Bohnensamen werden jedoch erst Ende Mai gesät! Cardy hat einen ausladenden Wuchs, die Stangenbohnen hingegen streben rasch in die Höhe und bilden so einen Blickpunkt.

Ausschnitt aus dem Prachtgemüsebeet

Prachtgemüsebeet

Anschließend gruppiert man die Begleiter, das Beigemüse, hinzu. Zuerst die größeren, das heißt den Federkohl 'Hoher Roter Krauser' und den Palmkohl 'Nero di Toscana'. Vor allem der rote Federkohl kann sehr imposant werden, der Palmkohl wächst dagegen etwas gedrungener. Die kleineren Gemüse setzt man in Grüppchen dazu, so den rotstieligen Mangold, die Rote Bete 'Non Plus Ultra', die Gartenmelde und den Lattich 'Forellenschluss'.

NOCH MEHR HÜBSCHES GEMÜSE

Amarant	tolles rotes Blatt
Artischocken	schöne Solitärpflanze; graues Blatt und lila Blüte sorgen für Struktur im Beet
Auberginen	lila Früchte
Baumspinat	magentafarbenes Blatt; bringt Höhe ins Gemüsebeet
Bataviasalat	rotblättrige Sorten
Buschbohnen	Sorten mit blauen Schoten
Eichblattsalat	rote und grüne Sorten; tolles Blatt
Endiviensalat	Friséeformen
Erdbeerspinat	rote, erdbeerähnliche Früchte bringen Farbe ins Gemüsebeet
Etagenzwiebel	skurrile Form der Brutzwiebeln
Fenchel	filigranes Laub in Grün oder Rostrot
Feuerbohne	weiße oder rote Blüte; bringt Höhe und Struktur
Grünkohl	grüne und braune Farben, mehr oder weniger gekraust; bringt Struktur ins Beet
Kürbisse	leuchtende Farben, beeindruckende Formen als Flächendecker oder am Spalier (Vertikale!)
Mangold	buntstielige (rot, gelb, pink) Sorten
Melde	grüne, rote oder kupferfarbene Blätter; tolle Samenstände; bringt Höhe ins Beet
Radicchio	rotes oder gesprenkeltes Blatt; schöne Kopfformen
Rhabarber	schöne Solitärpflanze; riesiges Blatt; beeindruckende cremeweiße Blüte
Rotkohl	lila bereiftes Blatt; Köpfe geben Struktur
Spargel	filigranes Laub mit roten Früchten; bringt Höhe ins Beet
Stangenbohne	blaue oder gefleckte Hülsen (Vertikale!)
Topinambur	gelbe Blüte; bringt Höhe ins Beet
Weißkohl	bereiftes, grünes Blatt; Köpfe geben Struktur
Wirsing	tolle, blasige Blattstruktur
Zucchini	silbrig-fleckige Blätter; skurrile Fruchtformen und -farben als Flächendecker oder am Spalier (Vertikale!)
Zuckermais	üppiges schönes Blatt; bringt Höhe ins Beet

Bohnen-Austreten und Dreschflegel-Schwingen

In Zeiten von verschweißten Samentütchen und Keimschutzpackungen mit Hochglanzbildern und dreisprachiger Kulturanleitung erscheint es müßig, ja fast unsinnig, sich mit eigener Samengewinnung zu beschäftigen. Saatgut aller üblichen Gartengewächse ist billig in jedem Gartencenter zu bekommen oder kann günstig bei den Saatgutfirmen bestellt werden, deren quietschbunte Kataloge kurz nach Weihnachten ins Haus flattern.

Aber es ist ein neues Phänomen zu beobachten. »Klasse statt Masse« ist gefragt. Das heißt, nicht Hochleistungssorten, die für den Erwerbsgartenbau gezüchtet werden (hoher Ertrag, kurze Kulturdauer, maschinelle Ernte, Transportfähigkeit), sondern »Kulturpflanzen« mit anderen Werten sind im Hausgarten erwünscht: guter Geschmack, Gesundheit, langer Erntezeitraum. Genau diese Werte findet man in vielen alten Sorten, deren Saatgut nicht mehr im Handel ist und deshalb von Initiativen wie »Arche Noah« oder »VEN« (Verein zur Erhaltung der Nutzpflanzenvielfalt e. V.) oder selbst vermehrt werden muss.

Und es ist keine Hexerei, eigenes Saatgut zu gewinnen. Jede Bäuerin konnte das früher und es war ihr wohl gar nicht bewusst, welche wertvolle Tätigkeit sie dabei ausübte und welche kostbaren Schätze sie hütete. Nur ist mit der Zeit in Vergessenheit geraten, wie das funktioniert mit der Vermehrung der Pflanzen. Dabei ist das Prinzip so einfach: Der Lebenszyklus einer Pflanze beginnt und endet mit dem Samenkorn.

Im Gegensatz zu Hybridsorten (F_1-Saatgut), die durch Kreuzung zweier Inzuchtlinien entstanden und deren Saatgut – falls sie überhaupt eines ausbilden – »aufspaltet«, sprich unbrauchbar ist, können sogenannte samenfeste Sorten (Landsorten, alte gärtnerische Zuchtsorten) beständig nachgebaut werden. Das heißt, die aus den Samen keimenden Pflanzen sind zwar nicht mit der Mutterpflanze identisch (das ist nur bei vegetativer Vermehrung der Fall), ihr aber sehr ähnlich.

Diese »Ähnlichkeit« gibt auch den Spielraum der eigenen »Züchtung« vor. Im Laufe der Jahre kann, je nach Art der Auslese, eine »eigene« Sorte entstehen. Mit etwas Fachwissen, das man sich aus Fachbüchern oder in Kursen aneignen kann, und einer großen Portion Pflanzenliebe kann man in die interessante, uralte Kultur des Samenbaus einsteigen.

Drei Punkte sind dabei entscheidend: Zum einen ist ein Grundwissen in der Botanik notwendig. Mit den Begriffen Ein- oder Zweihäusigkeit, Selbst- oder Fremdbefruchter, Insekten- oder Windbestäubung sollte man einigermaßen vertraut sein, ebenso mit der Zuordnung

Samenernte erfordert Geschick.

des Gemüses zu bestimmten Pflanzenfamilien (Kreuzblütler, Doldenblütler, Schmetterlingsblütler usw.) sowie mit dem Zeitpunkt ihrer Samenausbildung (ein- oder zweijährige Pflanzen).

Zum anderen ist die besondere Aufmerksamkeit bei der Pflanzenauslese wichtig. Welche Selektionsmerkmale findet man interessant? Den Geschmack? Das Aussehen? Die Pflanzengesundheit oder den Erntezeitraum? Im Laufe der Zeit wird das Auge geschult und die Auswahl des besten Samenträgers sicherer getroffen.

Als dritter Punkt ist die sorgfältige Arbeit bei Samenernte, Saatgutreinigung und Saatgutlagerung zu nennen. Die Samen werden geerntet, sobald oder kurz bevor sie reif sind, um das Ausfallen zu verhindern. Zum Nachreifen werden sie luftig und trocken gelagert. Dann werden die Samen von Schoten und Hülsen sowie von Stängel-, Frucht- und Blattresten getrennt. Dies geschieht zum Beispiel bei Bohnen durch Auspalen der Kerne oder bei größeren Mengen durch Austreten der Hülsen in einem Sack. Bei Tomaten wird es schon etwas schwieriger. Hier ist eine sogenannte Nassreinigung mit Vergärung nötig, um die Samen aus dem Fruchtfleisch zu lösen und die keimhemmende schleimige Schicht, die den Samen umgibt, zu zerstören.

Zur Saatreinigung gibt es verschiedene Techniken: Rütteln, Schwingen oder Kreisen mit Schwungschalen, Sieben oder Blasen, je nach Samenart. Dies erfordert etwas Übung und Geschick, macht aber auch unglaublich Spaß. Alle anhaftenden Blatt-, Stängel- und Erdreste sollten beseitigt sein, um eine Übertragung von Krankheitserregern von ihnen auf das Saatgut zu vermeiden.

Auch kümmerliche oder taube Samen müssen aussortiert werden, bevor das Saatgut gelagert werden kann. Zum Aufbewahren füllt man die gereinigten, trockenen Samen am besten in luftdicht verschließbare Gläser oder Filmdosen. Mit Sortenbezeichnung und Erntejahr versehen, werden diese dann dunkel, trocken und kühl aufgestellt – bereit für einen neuen Zyklus!

Samenbau im eigenen Hausgarten – am Beispiel der Gartenbohne

(aus: Dreschflegel-Info Praxis von Petra Reisinger und Maren Uhmann)

Botanische Zuordnung und Herkunft

Zur Gartenbohne *(Phaseolus vulgaris)* gehören sowohl die Busch- (var. *nanus*) als auch die Stangenbohnen (var. *vulgaris*). Sie zählen zur Familie der Hülsenfrüchtler *(Fabaceae)*.

Die Gartenbohne ist eine einjährige Pflanze, denn sie bildet in einer Saison das reife Gemüse und zugleich den Samen aus. Anders ist es bei zweijährigen Kulturen, die im ersten Jahr das Gemüse und im zweiten Jahr die Samen hervorbringen (z. B. Zwiebel, Möhre oder Kohl). Hier müssen die Samenträger überwintert und im Frühjahr erneut gepflanzt werden.

Die Vermehrung der Gartenbohne wird dadurch erleichtert, dass sie ein Selbstbefruchter ist. Die Bestäubung findet meist noch in der geschlossenen Blüte statt. Auf diese Weise ist eine Verkreuzung mit anderen Sorten nahezu ausgeschlossen. Vereinzelt auftretende Fremdbefruchtungen können Hummeln oder Wildbienen hervorrufen, indem sie die Blütenknospen anbeißen und bis zum Griffel vordringen. Allerdings sind Einkreuzungen unterschiedlich gefärbter Bohnen an der Samenfarbe im Nachbau gut sichtbar und können leicht aussortiert werden – zum Essen oder als Ausgangssaatgut der eigenen Hausgartensorte.

Eine große Ausnahme bildet die Feuer- oder Prunkbohne, diese ist ein Fremdbefruchter. Darüber hinaus kann sie, obwohl sie zu einer anderen Art gehört *(Phaseolus coccineus)*, zu Einkreuzungen bei der Gartenbohne führen. Die Handhabe der Samenernte unterscheidet sich nicht bei Garten- und Prunkbohne.

Samengewinnung

Für die eigene Vermehrung im Hausgarten sollten die Bohnen zum frühestmöglichen Zeitpunkt gesät werden (Ende April, Anfang Mai), da bei späteren Sätzen die Samenreife im Herbst möglicherweise nicht mehr gewährleistet ist. Allerdings sind Bohnen sehr frostempfindlich und benötigen bis Mitte Mai den Schutz eines Gärtnervlieses, Frühbeetes oder Folientunnels.

Benötigt werden mindestens zehn gesunde, reich tragende Pflanzen. Diese werden am besten im Bestand ausgesucht und mit einem Stab markiert, sobald die Speisebohnenernte losgeht. Die ausgewählten Bohnenpflanzen werden nicht beerntet, sondern die Hülsen zum Ausreifen an der Pflanze gelassen.

Zur Auslese bei fadenlosen Sorten sollten einzelne Hülsen jeder ausgewählten Pflanze auf Fädigkeit getestet werden. Fädige Pflanzen werden nicht zur Vermehrung verwendet. Reifende Bohnen sind an den verfärbten und halbwegs trockenen Hülsen zu erkennen. Die Ernte der ganzen Pflanze oder einzelner Hülsen erfolgt bei trockenem Wetter. Anschließend sollten sie noch an einem gut durchlüfteten, trockenen Ort nachreifen (Folientunnel, Dachboden, Heizraum). Der richtige Zeitpunkt zum Dreschen ist gekommen, wenn die Hülsen krachtrocken sind und leicht aufspringen. Zur Sicherheit sollten alte Tücher unter die trocknenden Pflanzen gelegt werden, die ausfallendes Saatgut auffangen.

Dreschen

Kleinere Mengen können leicht mit der Hand aus den Hülsen gepult werden. Bei größeren Mengen sind andere Methoden einfacher und schneller: Die getrockneten Bohnen werden in einen Sack oder in einen alten Bettbezug gestopft und mit einem Stock ausgedroschen oder mit den Füßen ausgetreten.

Zwischendurch sollte unbedingt kontrolliert werden, ob die Bohnen unverletzt bleiben. Eventuell müssen die Bohnen anschließend nachgetrocknet werden.
In Behältnisse zum Lagern dürfen sie erst abgefüllt werden, wenn man sie mit dem Fingernagel nicht mehr einritzen kann.

Sind die Hülsen trocken, können die Kerne geerntet werden.

Reinigung

Bei kleineren Mengen werden die Samen einfach herausgesammelt. Ansonsten wird grober Schmutz durch Siebe entfernt oder durch Pusten. Bei der anschließenden Auslese können untypische Bohnenformen und -farben leicht entfernt werden. Solche mit nicht sortentypischen Flecken sollten nicht für die nächste Aussaat verwendet werden, da die Flecken auf samenbürtige Krankheiten hinweisen könnten.

Krankheiten und Schädlinge

Dazu zählen vor allem die Brennflecken- und die Fettfleckenkrankheit. In beiden Fällen handelt es sich um samenbürtige Krankheiten: Die Erreger infizieren das Saatgut und werden durch selbiges übertragen. Beide Krankheiten können die ganze Pflanze befallen. Treten die ersten Symptome an den Blättern auf, sollten befallene Pflanzen so schnell wie möglich aus dem Garten entfernt werden.

Bohnenvielfalt, die es zu erhalten gilt

Die Brennfleckenkrankheit wird durch einen Pilz verursacht und führt zu dunklen, leicht eingesunkenen Flecken mit brauner oder rötlicher Umrandung. Die Fettfleckenkrankheit, eine Bakteriose, ruft Flecken an der ganzen Pflanze hervor, die aber am eindeutigsten an den Hülsen zu erkennen sind, da sie dort zu den typisch glasigen »Fettflecken« führen.

Der Bohnenkäfer kann die Gartenbohne befallen. Seine Larven bohren sich in die Hülsen und fressen Löcher in die Samen. Die geschlüpften Käfer vermehren sich im Lager weiter, sodass die nächsten Larvengenerationen die Bohnen zu Mehl verarbeiten können. Deshalb ist es sinnvoll, die gut getrockneten Samen vorsorglich mindestens 14 Tage lang tiefzugefrieren. Dazu die Saatgutbehälter luftdicht verpacken, damit das Kondenswasser beim Auftauen nicht das Saatgut befeuchtet.

Lagerung

Samen von Hülsenfrüchten haben eine Lebensdauer von etwa vier bis fünf Jahren. Das Saatgutlager hat hierfür folgenden Ansprüchen zu genügen: trockenes Saatgut, trockenes Raumklima oder luftdichte Lagergefäße, kühle Lagerung (0–10 °C sind optimal), dunkle Lagerung (dunkler Raum oder lichtdichte Gefäße oder Schachteln) und mäusesicher, denn Mäuse und Ratten sind die häufigsten Lagerschädlinge.

An Gefäßen eignen sich Marmeladen- oder Einmachgläser oder – als platzsparende Variante – mehrere Samensäckchen in einem Glas. Auf ein Luftpolster im Gefäß ist zu achten, denn Saatgut lebt und atmet. Daher ist es auch sinnvoll, die Gläser unter trockenen Bedingungen regelmäßig für einen Moment aufzuschrauben und zu lüften. Wichtig ist es, an die Beschriftung zu denken: Kulturart, Sorte, Jahr der Ernte, eventuell auch Datum, falls die Kultur mehrmals in einer Saison beerntet wird.

Die machen sich stark für alte Gemüsearten!

Arche Noah

Martina Haselsberger, Roman Huber und Annemarie Frey sind drei von vielen Privatpersonen, die durch Anbau und Weitergabe von Saatgut und Erfahrungswissen zu Sortenerhalt und Sortenentwicklung beitragen. Zusammen mit anderen Mitgliedern von »Arche Noah« sorgen sie dafür, dass die Sortenvielfalt lebendig bleibt und die allgemeine Wertschätzung von seltenen und lokalen Sorten zunimmt. »Arche Noah« ist eine gemeinnützige Organisation, die sich zur Aufgabe gemacht hat, Wissen über Anbau, Nutzung und Vermehrung gefährdeter Kulturpflanzen zu sammeln und weiterzugeben. »Erhaltung durch Nutzung« ist einer ihrer wichtigsten Grundsätze.

Bei der Gründung im Jahre 1990 wurden im ersten Katalog an die 250 Sorten angeboten. Heute umfasst das »Arche Noah«-Sortenarchiv über 5500 Samen, Zwiebeln und Knollen von bedrohten Sorten und Arten und ist damit eine der größten privaten Kulturpflanzensammlungen Europas.

»Um sie [die bedrohten Sorten und Arten] wirklich lebendig zu erhalten, müssen sie aber hinaus auf die Felder, in die Gärten, auf die Märkte und auf die Teller.« (www.arche-noah.at)

Das gelingt nur durch ein umfangreiches Netzwerk, durch Öffentlichkeitsarbeit und durch Bewusstseinsbildung. Dass Vielfalt Lebensqualität ist, ökologisch, kulinarisch, ästhetisch und ethisch, das muss in die Köpfe der Menschen. Das Sortenhandbuch mit Sortenbeschreibungen, der Schaugarten (in Schiltern bei Langenlois) und die Pflanzenmärkte (mit Jungpflanzenraritäten) geben Impulse und machen Lust auf mehr – auf mehr Vielfalt eben.

GELBE MONDSEER

»Die 'Gelbe Mondseer' Gartenmelde *(Atriplex hortensis)* begleitet uns und unseren Garten von Anfang an. Sie sät sich seit dem ersten Jahr jedes Jahr zuverlässig aus.
Neben der Genusstauglichkeit schätzen wir es sehr, dass sie fast das ganze Jahr eine Augenweide ist. Im Laufe des Sommers recken sich die Pflanzen mit ihrem Blütenstand bis zu einer Höhe von 1,80 m, ohne dabei so ausladend zu werden wie z. B. 'Magentaspreen' (Baumspinat), und geben dem Garten damit optisch eine Struktur. Die unteren Blätter werden bis zu handtellergroß. Zum Essen werden überwiegend die jungen, nachwachsenden Blätter verwendet – für Mischsalate und -spinate mit Brennnesseln, Knoblauchsrauke, Giersch etc.
Große Blätter kann man, ähnlich wie Weinblätter, zum Einwickeln von Füllungen verwenden: Zum Beispiel kleine Stückchen Brie in Meldenblätter einwickeln und in einer Marinade aus Olivenöl, Zitronensaft und Kräutern einige Stunden ziehen lassen.
Die 'Gelbe Mondseer' gehört zu den ›Pflegeleichten‹. Hin und wieder, je nach Witterung, wird sie von schwarzen Läusen heimgesucht. Nicht unwichtig für uns ist, dass sie von Schnecken nicht allzu geschätzt wird.«

Roman Huber und Annemarie Frey
aus: Arche Noah, Sortenhandbuch

VEN e.V.

Der »Verein zur Erhaltung der Nutzpflanzenvielfalt e. V. (VEN e. V.)« bemüht sich seit 40 Jahren, dem Verlust samenfester Sorten etwas entgegenzusetzen. Bereits 1986 auf Initiative von Ludwig Watschong gegründet, entwickelte er sich zu einem bundesweiten Verein mit derzeit etwa 1150 Mitgliedern (Stand 01/2021).

ERLER ERBSE

»Der größte Schatz in meinem Bauerngarten ist die 'Erler Erbse'. Durch einen Samentausch ›übern Zaun‹ erhielt ich 2002 von Gusti, einer begeisterten Gartlerin, einige Erbsen, die sie wiederum von der leider bereits verstorbenen ›Birnberger Maridl‹ erhalten hatte. Die 'Erler Erbse' wurde seit mindestens 45 Jahren hier in Erl angebaut (daher der Name). Zu meiner großen Freude wird sie seit 2005 im ›Arche Noah‹-Sortenarchiv als 'Erler Erbse ES054' archiviert. Mittlerweile wird sie in fast allen Bundesländern Österreichs und in Bayern angebaut. Es wäre interessant, Rückmeldungen über die Anpassungsfähigkeit an andere Klimabedingungen zu erhalten. Die 'Erler Erbse' wird ca. 1,80 m hoch und benötigt eine Rankhilfe. Die Hülsen sind grün (selten dunkelviolett – die Selektion wäre einen Versuch wert), die Erbsen sehr süß und groß – meine Kinder naschen gerne davon. Die Erbse eignet sich gut zum Einfrieren. Je früher sie angebaut wird, desto tiefer setzen die Hülsen an und der Ertrag wird dementsprechend höher.«

Martina Haselsberger
aus: Arche Noah, Sortenhandbuch

Die Suche nach alten, heute nicht mehr angebauten Nutzpflanzenarten, deren Rekultivierung, Vermehrung und Weiterentwicklung ist das erklärte Ziel des ehrenamtlichen Vereins. Bildungs- und Öffentlichkeitsarbeit in Form von Infoständen, Seminaren und Pressearbeit gehören ebenso zur Vereinsarbeit wie die Organisation von Samentauschbörsen und die Vergabe von Patenschaften.

Es wurden ein »Tag der Kulturpflanze« etabliert und ein »Gemüse des Jahres«. Es werden Saatgutseminare durchgeführt, bei denen alles Wissenswerte rund um Vermehrung, Sortenerhalt, Selektion, Drusch, Reinigung und Aufbewahrung von Saatgut zu erfahren ist, und die sogenannten Sortenpfleger engagieren sich aktiv für den Erhalt alter Sorten und den dezentralen Anbau ausgewählter Sorten und Arten in ihren eigenen Gärten. Die Samenliste, in der alle angebotenen Samen dieser Erhalter verzeichnet sind, umfasst mittlerweile mehrere Tausend Einträge und ist eine wahre Fundgrube für Liebhaber von Spezialitäten.

Weitere Tätigkeitsfelder des »VEN e. V. « sind die Kontaktpflege zu anderen, gleichgesinnten Organisationen in Europa, zu Genbanken und Universitäten sowie die gemeinsame Lobby- und Öffentlichkeitsarbeit zu politischen Prozessen (Saatgutverkehr, Gentechnik, Patente).

ProSpecieRara

38 Nutztierrassen, 141 Ackerpflanzen und 978 Gemüsesorten, 339 Beeren- und 1572 Obstsorten stellen einen Reichtum dar, den »ProSpecieRara« mit seinen Aktivitäten und Projekten erhalten will. Die schweizerische, nicht profitorientierte Stiftung hat es sich zur Aufgabe gemacht, dieses wertvolle kulturhistorische Erbe zu bewahren, indem sie vor allem die Öffentlichkeit für den Schatz, den diese Vielfalt darstellt, sensibilisiert.

1982 in St. Gallen gegründet, gehört die Organisation quasi zu den Pionieren in Sachen Erhaltung der Vielfalt.

Auch das kann Gemüse: Idyllische Stimmung mit Meerrettich, Roter Melde und Vexiernelke. Gegen Schädlinge wie Blattläuse hilft der Ohrwurm, hier dient ein umgedrehter Topf als Rückzugsort für ihn.

Gemäß dem Motto »Was im Umlauf ist, gerät nicht in Vergessenheit« setzt »ProSpecieRara« vor allem auf die In-situ-Erhaltung. Im Gegensatz zur Ex-situ-Erhaltung in Samen- und Genbanken, wo das Zuchtmaterial über lange Zeitspannen ohne Interaktion mit der Umwelt eingelagert wird, ist die In-situ-Erhaltung eine dynamische Erhaltung durch Anbau in den Gärten und auf den Äckern.

Die Umwelt verändert sich permanent, und damit sich die Pflanzen diesen Veränderungen anpassen können, sprich sich weiterentwickeln können, müssen sie angebaut werden. Nur so ist eine breite genetische Reserve gewährleistet, die als Grundlage der Ernährung dienen kann. Eingefrorenes Saatgut ist dazu langfristig betrachtet nur bedingt geeignet.

Mit den Anbauzyklen werden nicht nur Arten und Sorten erhalten, sondern auch das Wissen um sie. Wie gedeihen sie am besten? Wann ist der optimale Erntezeitpunkt? Was kann man daraus machen? All dieses Wissen lässt sich nicht einfrieren und irgendwann wieder auftauen. Es ist ein Erfahrungsschatz, der unwiederbringlich verloren geht, wenn er nicht von Saison zu Saison weitergegeben wird.

Nur was in Umlauf ist, gerät nicht in Vergessenheit. Nutzung bewahrt vor dem Aussterben. Mit dem Verlust von Kulturpflanzen und dem Wissen um sie geht auch ein Verlust kultureller Identität einher. Genau diese kulturelle Identität will »ProSpecieRara« bewahren. Und das ist sicher nicht nur in der Schweiz von Bedeutung.

SAVE-Foundation

»SAVE« ist die Abkürzung von »Safeguard for Agricultural Varieties in Europe« oder auf Deutsch: Sicherung der landwirtschaftlichen Arten-Vielfalt in Europa. Ziel der Organisation »SAVE« ist also die Erhaltung und Förderung der genetischen und kulturgeschichtlichen Vielfalt in der landwirtschaftlichen Fauna und Flora Europas. Information, Koordination und Förderung nationaler Aktivitäten sind die hauptsächlichen Aufgaben. Aber auch das Suchen und Finden von Restbeständen verschollener Rassen und Sorten gehören dazu.

Als europäische Dachorganisation ist die Vernetzung regionaler und nationaler Aktivitäten für »SAVE« von großer Bedeutung. Denn in Partnerschaft miteinander können gemeinsame Ziele besser erreicht werden.

Es gibt sie noch: Tomaten mit Geschmack aus heimischer Produktion.

ORGANISATIONEN, DIE KULTURPFLANZENVIELFALT ERHALTEN, SAATGUT VERMEHREN UND VERTREIBEN

Land	Organisation	Beschreibung	Webseite
Deutschland	Dreschflegel e.V.	Bio-Saatgutkollektiv, Erhalt alter Sorten, ökologischer Anbau	dreschflegel-saatgut.de
	VEN e.V.	Netzwerk zur Erhaltung von Nutzpflanzenvielfalt, Sortenbeschreibungen, Tauschbörsen	nutzpflanzenvielfalt.de
	Bingenheimer Saatgut AG	Bio-Saatgutvertrieb, demeter-zertifiziert, Sortenentwicklung mit Partnerbetrieben	bingenheimersaatgut.de
Österreich	Arche Noah	Saatgutarchiv, Sortenerhalt, Schaugarten, Bildung, großer Onlineshop	arche-noah.at
	ReinSaat GmbH	Bio-Saatgut, Zusammenarbeit mit Arche Noah, viele alte und regionale Sorten	reinsaat.at
Schweiz	ProSpecieRara	Stiftung zur Erhaltung alter Kulturpflanzen und Tierrassen, Netz von Erhalter*innen	prospecierara.ch
	Sativa Rheinau AG	Biodynamisches Saatgut, professionelle Züchtung, Fokus auf samenfeste Sorten	sativa-rheinau.ch
Frankreich	Kokopelli	Große Vielfalt alter Sorten, aktiv für Saatgutsouveränität, international tätig	kokopelli-semences.fr
	Réseau Semences Paysannes	Netzwerk für bäuerliche Saatgutinitiativen, politische Arbeit, Bildung, Forschung	semencespaysannes.org
Italien	Civiltà Contadina	Saatguttausch, Öffentlichkeitsarbeit	civiltacontadina.it
	Rete Semi Rurali		semirurali.net
Großbritannien	Garden Organic (Heritage Seed Library)	Erhalt alter Sorten, Saatgut nur für Mitglieder, Bildungsprogramme	gardenorganic.org.uk
	The Seed Cooperative	Biodynamische Genossenschaft, Verkauf samenfester Sorten, Förderung ökologischer Züchtung	seedcooperative.org.uk
Niederlande	Stichting Zaadgoed	Non-Profit zur Förderung biologischer Pflanzenzüchtung, Erhalt samenfester Sorten, gentechnikfrei	zaadgoed.nl
	De Bolster	Kommerzieller Anbieter von Bio-Saatgut, viele samenfeste Sorten, Züchtung & Vertrieb	bolster.eu

ALTE GEMÜSEPFLANZEN IM PORTRÄT

DER BEGRIFF »ALTE GEMÜSEPFLANZEN« ist weder wissenschaftlich noch präzise – und erhebt auch keinen Anspruch, es zu sein. Die folgenden Porträts sind ganz persönliche Empfehlungen der Autorin und zeigen Gemüse, die sich im Garten besonders bewährt oder sich bei der Recherche positiv hervorgehoben haben. Jedes Gemüse hat seine eigene Geschichte. Und diese Geschichte macht aus jedem dieser Gemüse etwas Besonderes, etwas, das es zu bewahren gilt.

Der Salat 'Forellenschluss' ist ein alter, selbstschließender Romanasalat aus Südtirol, der sich durch seine hellgrünen Blätter mit braunroten Sprenkeln und sein zart-süßliches, bitterfreies Aroma auszeichnet.

Salatgemüse

Das Angebot an Salat wird vom Handel bestimmt. Und der mag keinen Salat, der schnell welkt. Also mussten Sorten her mit fast ledrigen Blättern, die im Gemüseregal tagelang eine gute Figur machen.

Salatsorten mit zartem, empfindlichem Laub sind Gartenbesitzern vorbehalten. Sie tragen Namen wie 'Maikönig', 'Goldforelle' oder 'Brauner Trotzkopf'. Das sind Kopfsalate, die zart, weich und trotzdem knackig sind und obendrein ausgezeichnet schmecken.

Die ganze Fülle an Sorten kann man nur genießen, wenn man Salat selbst anbaut. Für jede Saison gibt es andere Sorten, denn für eine gute Kopfbildung sind die Faktoren Licht, Wärme und Tageslänge von entscheidender Bedeutung. Neben klassischen Kopfsalaten bieten sich auch kompakte Eissalate, zylindrisch-schlanke Romanasalate, sogenannte Spargelsalate und Pflücksalate in ihren vielen Farb- und Formvariationen zum Anbau an.

Ihre Ansprüche sind sehr ähnlich. Sie lieben humusreichen Boden mit einem ausgeglichenen Wasserhaushalt. In der Regel zieht man Jungpflanzen vor und setzt diese dann in das sorgfältig vorbereitete Beet. Der alte Gärtnerspruch »Salat muss im Winde wehen« sollte dabei unbedingt beachtet werden, denn zu tief gepflanzter Salat ist nicht nur anfällig für Salatfäule, sondern bildet auch keine anständigen Köpfe aus.

Salat kann aber auch direkt gesät werden. Als Schnittsalat: entweder in Reihen, was Pflege und Ernte erleichtert, oder breitwürfig, als »Salatwiese« sozusagen, was bei einer bunten Sortenmischung besonders gut ausschaut.

Die bunten Salate sind auch bestens geeignet, um im Küchengarten gestalterisch verwendet zu werden. Bänder aus grünen Salatköpfen können als Einfassung dienen. Eine Kombination aus runden, roten Salatköpfen und langen, stahlblauen Lauchstangen ist ebenso schön wie platzsparend. Grüne und rote Pflücksalate im Schachbrettmuster gepflanzt, ergeben eine attraktive Beetgestaltung. Mut zu kreativen Kombinationen ist gefragt und nicht vergessen: zwischendurch essen!

Dabei sollte dann durchaus der Ausspruch des Franzosen F. Coppec (1842–1908) beherzigt werden, der da lautet: »Um einen guten Salat anzurichten, braucht man vier Charaktere: einen Verschwender für das Öl, einen Geizhals für den Essig, einen Weisen für das Salz, einen Narren für den Pfeffer.«

Kopf an Kopf

Kopfsalat (*Lactuca sativa* Butterhead-Gruppe, Syn. *Lactuca sativa* var. *capitata*)
Synonym: Buttersalat

Kopfsalat ist bei uns der wichtigste und meistgegessene Vertreter der *Lactuca*-Salate. Stammformen von ihm, etwa der Wilde Lattich, sind in Südosteuropa beheimatet.

Bereits die alten Griechen und Römer bauten ihn an, wobei es damals wohl eher Blattbüschel und keine kompakten Salatköpfe waren. Erst ab dem 16. Jahrhundert sind kopfbildende Formen nachgewiesen, vermutlich entstanden durch ein Zusammenspiel von spontaner Mutation und menschlicher Auslese.

Für eine gute Kopfbildung sind die Faktoren Licht, Wärme und Tageslänge von ausschlaggebender Bedeutung. Da die Sorten darauf sehr unterschiedlich reagieren, ist beim Anbau unbedingt zwischen Früh-, Sommer- und Herbstsorten zu unterscheiden.

Rot und fein: 'Merveille des quatre'

Krachend knackiger Kopf: 'Laibacher Eis'

Salatvariation glatt, kraus und rot

Ab ins Beet!

Krachend frisch

Eis(berg)salat, Bataviasalat
(Lactuca sativa var. capitata)

Sowohl Eis- als auch Bataviasalat sind Kulturformen des Kopfsalates. Während Eissalat ursprünglich eine amerikanische Züchtung aus dem 19. Jahrhundert ist und dort unter Eiskühlung (daher auch der Name) transportiert wurde, stammt Bataviasalat aus Frankreich. Er nimmt in Geschmack und Blattkonsistenz eine Mittelstellung zwischen Kopf- und Eissalat ein. Beide werden in Österreich auch als Krachsalat bezeichnet.

Im Gegensatz zu Kopfsalat verhalten sich beide in ihrer Kultur tagneutral, das heißt, sie können auch im Sommer gepflanzt werden und länger auf dem Beet verbleiben, ohne zu schossen. Ein wichtiger Punkt für den Hausgärtner, der über eine lange Zeit hinweg ernten möchte.

Der Grazer Krauthäuptel

Ein echter Ursteirer ist er, der 'Grazer Krauthäuptel', und dabei zart und knackig. Er überzeugt durch seinen leicht süßlichen, bitterfreien Geschmack und gilt als »Aristokrat« unter den Salaten. Er gehört zur Gruppe der Eissalate. Seine äußeren Blätter gehen am Rand in ein dunkles Rotviolett über, und auch der Kopf an sich schillert rötlich. Die Blätter sind leicht blasig gewölbt, fein gezackt und bleiben lange fest und knackig. Um die Jahrhundertwende ist er Gärtnern erstmals aufgefallen und mit der Zeit aus dem alten 'Laibacher Eissalat' herausgezüchtet worden. Im Laufe der Jahre hat er sich perfekt an das illyrische Klima und den tiefgründigen sandigen Lehmboden des Grazer Beckens angepasst und ist zur steirischen Regionalsorte geworden. Er gilt heute als »seltene landwirtschaftliche Kulturpflanze« und wurde in Österreich in ein landwirtschaftliches Förderprogramm aufgenommen.

'Teufelsohren': ein Romanasalat mit rot-grünem Blatt

Die alten Römer

Romanasalat *(Lactuca sativa Cos*-Gruppe,
Syn. *Lactuca sativa* var. *longifolia)*
Synonyme: Römersalat, Kochsalat, Bindesalat

Der Romanasalat ist eine weitere Form der *Lactuca*-Salate, stammt aus dem Mittelmeergebiet und wurde schon von den Römern geschätzt. Im Mittelalter war er

Salat auf Raten: Schnittsalat wird geerntet, wenn er 10 cm groß ist. Er wächst aus den Herzblättern immer wieder nach.

in jedem Klostergarten anzutreffen. In seiner Wuchsform ähnelt der Romanasalat dem Chinakohl. Die Blätter des raschwüchsigen und robusten Salates sind lang und aufrecht und bilden zum Teil kegelförmige Köpfe. Älteren Sorten fehlt diese Kopfbildung, sodass die äußeren Blätter zusammengebunden werden müssen, damit die inneren Blätter hell und zart bleiben. Diese Methode führte zu der Bezeichnung »Bindesalat«. Interessant für den Anbau im Hausgarten machen den Romanasalat seine Beständigkeit gegen Hitze und seine Schossfestigkeit. Er ist der ideale Salat für den Sommeranbau, wenn viele Kopfsalate schnell schossen.

In der Küche kann Romanasalat sowohl als Salat wie auch als Gemüse verwendet werden, daher auch der Name Kochsalat. Dazu wird der lange, fleischige Strunk, den einige Sorten ausbilden, wie Spargel zubereitet.

Das Kasseler Strünkchen

Das 'Kasseler Strünkchen' ist nicht nur eine regionale Salatspezialität, sondern auch ein sogenannter Arche-Passagier der Slow-Food-Stiftung. Ursprünglich stammt das 'Kasseler Strünkchen' aus der bäuerlichen Küche Nordhessens und ist dort als Schlupperkohl bekannt. Es besteht aus den inneren Strünken des Romanasalats, die besonders knackig und aromatisch sind. Diese werden fein geschnitten und traditionell mit einer warmen Speck-Zwiebel-Vinaigrette angerichtet – einfach, herzhaft und unverwechselbar. Durch die Aufnahme in die »Arche des Geschmacks« bekommt das 'Kasseler Strünkchen' den Platz, den es verdient: auf dem Teller und im kulinarischen Gedächtnis.

Das 'Kasseler Strünkchen': Übergangsform zwischen Spargel- und Romanasalat

Salat wie Spargel

Spargelsalat
(Lactuca sativa var. angustana)

Spargelsalat ist in Deutschland nahezu unbekannt. Er stammt aus dem asiatischen Raum und wurde dort züchterisch stark weiterentwickelt. Nur im 19. Jahrhundert tauchte er hierzulande für kurze Zeit im Samenhandel auf, um dann wieder in Vergessenheit zu geraten. Lediglich eine Zwischenform, das 'Kasseler Strünkchen', konnte sich lokal halten.

Spargelsalat 'Roter Stern': Genutzt werden Blätter und Sprossachse.

Diese wohl ursprünglichste Salatform bildet keine Köpfe, sondern streckt nach einem kurzen Rosettenstadium (währenddessen einzelne Blätter wie Pflücksalat geerntet werden können) seine Sprossachse, und genau diese ist erwünscht. Entblättert, geschält und wie Spargel zubereitet, schmecken die Triebe hervorragend. Aber jung müssen sie sein, alt sind sie holzig und fad. Ein Salat mit Potenzial.

Schön und praktisch: Baby Leaf. Roter und grüner Pflücksalat, Hirschhornwegerich, Rote Bete und roter Blattsenf

Blattweise ernten

Pflücksalate, Schnittsalate
(Lactuca sativa var. crispa)

Pflück- und Schnittsalate bilden eine sehr große Gruppe, denen eine Eigenheit gemeinsam ist: Sie bilden keine festen Köpfe, sondern offene Blattrosetten aus. Unter Schonung des Herztriebes werden immer nur die äußeren Blätter geerntet, wodurch eine einzige Pflanze sehr lange beerntet werden kann.

Waren es früher vor allem Sorten wie 'Gelber Runder' oder 'Krauser Gelber', die zum Schnitt angebaut wurden, sät man heute oft eine Mischung verschiedener Salatpflanzen (rote und grüne Pflücksalate, Romana- und Eichblattsalate, Schnittzichorien, Rucola, Hirschhornwegerich und andere), die nach dem Motto »cut and come again« mehrmals beerntet werden können. Ganz im Stil des italienischen »Misticanza« gibt es dafür bereits fertige Saatgutmischungen.

Misticanza

»Misticanza« ist die italienische Bezeichnung für einen Mix aus Blattsalaten, Zichorien und anderen Salatpflanzen in vielfältigen Variationen. Schon in Klostergärten wurden solch bunte Mischungen angesät, wobei traditionell Wild- und Kulturpflanzen kombiniert wurden. Die Blätter werden in sehr jungem Stadium geerntet. Lässt man das Herz stehen, treiben immer wieder neue Blätter.
Mit Misticanza-Sorten landet gemischter Salat vom Gartenbeet direkt auf dem Tisch. Einfacher geht's nicht. Es gibt sehr traditionsreiche Saatgutmischungen, aber auch moderne Varianten. Was den original »Misticanza« ausmacht, ist das Herba Stella, auch Hirschhornwegerich genannt. Dieses Kraut darf eigentlich in keiner Mischung fehlen. Insgesamt sollten es schon fünf bis sieben verschiedene Arten und Sorten sein, um dem Namen Misticanza (= Mischung) gerecht zu werden.

Salat auf Italienisch: Misticanza

Darf's ein bisschen bitter sein?

Zichoriensalate
(Cichorium intybus var. foliosum)

Die Vielfalt der Zichoriensalate ist aus der wilden Wegwarte hervorgegangen. Zuckerhut, Radicchio und Chicorée gehören dieser Salatsippe an, die ursprünglich aus Italien stammt. Sie zeichnen sich alle durch ihren mehr oder weniger bitteren Geschmack aus, der heute wieder zunehmend geschätzt wird.

Zuckerhut

Zuckerhut war früher ein weitverbreiteter und beliebter Wintersalat. Mit dem ganzjährigen Angebot an Kopfsalat ist er fast verschwunden – obwohl er kaum bitter schmeckt und seine inneren, gebleichten Blätter sehr zart sind. Wegen seiner Eignung als Nachkultur und seiner guten Lagereigenschaften ist er geradezu prädestiniert für den Anbau im eigenen Gemüsebeet.

Radicchio

Radicchio ist eine italienische Spezialität. Nichtsdestotrotz ist er zum Anbau in heimischen Gefilden gut geeignet. Je nach Typ bildet er entweder kleine Köpfe oder offene Blattrosetten aus. Seine kräftig roten, manchmal weiß gezeichneten Blätter und sein würzig-bitterer Geschmack machen ihn für die Küche so interessant. Dort kann man ihn als Salat zubereiten oder Ideen aus der italienischen Küche folgen: Halbieren und kurz grillen oder zu einem Risotto verarbeiten.

Es gibt Sorten für die Sommer- oder Herbsternte und andere für die Überwinterung auf dem Beet. Seine typische rote Farbe bekommt Radicchio meist erst, wenn die Nächte kühler werden. Das Faulen erntereifer Köpfe ist in der Regel auf zu hohe Düngergaben zurückzuführen.

Krausblättrige Endivie: Frisée-Salat

Angenehm bitter: Zuckerhut

Schutz und Deko zugleich

Italienische Versuchung: Radicchio 'Palla Rossa'

Chicorée

Der klassische Chicorée entsteht durch Bleichen. Ihren Ursprung hat diese Methode in Belgien. Bereits im 18. Jahrhundert wurden dort Zichorienwurzeln angebaut, um daraus »Kaffee« zu gewinnen. Erst vor etwa 130 Jahren entdeckten die belgischen Bauern, dass die Triebe, die die im Winter eingelagerten Wurzeln hervorbrachten, durchaus schmackhaft waren, und boten sie als »Witloof« (flämisch: Weißlaub) auf dem Markt an. Die Chicorée-Treiberei nahm ihren Anfang.

Für Hobbygärtner ist es durchaus einen Versuch wert, die Chicorée-Treiberei selbst auszuprobieren. Sie ist weit weniger kompliziert, als viele vermuten. Im Mai sät man in Reihen aus, im Oktober werden die Pflanzen gerodet und bleiben noch einige Tage auf dem Beet liegen. Anschließend kappt man das vertrocknete Laub etwa 2 cm über der Wurzel und schlägt die Pflanzen zum Lagern im Frühbeet in Erde ein. Nach und nach kann nun ein Schwung Wurzeln dicht an dicht in einen Eimer mit Sand oder lockerer Erde gesetzt werden. Manche Sorten müssen zum Treiben mit Erde abgedeckt werden, bei anderen genügt es, das Licht durch einen übergestülpten Eimer auszusperren. Wichtig ist die absolute Dunkelheit. Bei Temperaturen um 16 °C (etwa in einem Kellerraum) ist der Chicorée nach vier bis fünf Wochen erntereif.

Puntarelle

Puntarelle (*Cichorium intybus* var. *foliosum*) sind ein alter Zichoriensalat aus der Region Latium, der aber deutlich spannender ist als sein prominenter Verwandter, der Chicorée. In Italien finden sich die bitteren »Spitzchen« – die Verniedlichungsform von punte, den Spitzen – ab Herbst auf jeder gut durchdachten Speisekarte. Meist sieht ein Puntarelle-Kopf ziemlich unordentlich aus, so, als ob beim Anbau etwas schiefgelaufen wäre. Aber keine Sorge: Der Wuschel gehört unbedingt dazu.

Variationen im Salatbeet

Puntarelle, auch Vulkanspargel genannt

Hinter den löwenzahnartigen Blättern, die dicht nach oben wachsen, befindet sich die eigentliche Spezialität: dicke, hohle und sehr knackige Triebe, die an krumm gewachsenen, viel zu dick geratenen grünen Spargel erinnern. Nicht ohne Grund sind Puntarelle im deutschen Sprachraum auch als Vulkanspargel oder Spargelchicorée im Handel. Die Sprosse werden traditionell roh gegessen, oft fein geschnitten, und mit einer kräftigen Vinaigrette aus Sardellen, Knoblauch, Essig und Olivenöl serviert. Sie schmecken aber auch gedünstet, zum Beispiel in Nudelgerichten oder einfach als Gemüsebeilage. Puntarelle hat einen angenehm bitteren Geschmack und ist reich an Vitaminen sowie Bitterstoffen, die gut für die Verdauung sind. Berühmt und geschätzt vor allem in der Küche Mittel- und Süditaliens, findet sich das Gemüse mittlerweile auch immer häufiger hierzulande.

Endivie

Im weitesten Sinne zu den Zichoriensalaten gehört außerdem die Endivie *(Cichorium endivia)*. Auch sie enthält wie alle Zichorien Bitterstoffe, deren Gehalt sich jedoch durch Bleichen der Blätter stark verringern lässt. Für das Bleichen gibt es unterschiedliche Möglichkeiten. Wählt man einen geringen Pflanzabstand, erhalten die inneren Blätter zum Erntezeitpunkt kein Licht und bleiben gelb und zart. Eine andere Methode: Man bindet fast erntereife Pflanzen im abgetrockneten Zustand zusammen, um die Herzblätter zu bleichen. In Frankreich legt man sogenannte Bleichglocken auf, um zartes Laub zu erhalten.

Radicchiorisotto

ZUTATEN

1 Zwiebel, 1 Knoblauchzehe
1 Kopf Radicchio
Olivenöl
200 g Risottoreis
100 ml Weißwein
300 ml Gemüsebrühe
Salz, Pfeffer, Zucker
80 g Parmesan, frisch gerieben, Butter

ZUBEREITUNG

- Zwiebel und Knoblauch abziehen und fein würfeln. Radicchio waschen, putzen und in Streifen schneiden.
- Olivenöl erhitzen, Zwiebel- und Knoblauchwürfel anschwitzen, Radicchiostreifen dazugeben, leicht andünsten und beiseitestellen.
- In einem anderen Topf Reis glasig dünsten. Wein dazugießen und fortwährend rühren.
- Wenn der Wein aufgesogen ist, etwas Brühe nachgießen. So lange weiterrühren, auf kleiner Stufe köcheln lassen und Brühe nachgießen, bis der Reis die gewünschte Konsistenz hat.
- Abschmecken. Gedünsteten Radicchio, Parmesan und einen Stich Butter unterrühren und sofort servieren.

INTERESSANTE ALTE SALATSORTEN

Kopfsalat

'Brauner Trotzkopf' (Arche Noah)	mittelgroßer, lockerer Kopf; grünes, rotbraunes Blatt; zart, weich, trotzdem knackig; guter Geschmack; Anbau im Frühjahr und Herbst; Schossfestigkeit mittel, bei Hitze und Trockenheit eher früh
'Butterling' (Sativa)	hellgrüner, zarter Buttersalat mit schwach hochrunden, eher lockeren, mittelschweren Köpfen; viel Umblatt und hoch über dem Boden sitzend; weiche Salatblätter; Frühjahrssorte
'Goldforelle' (Dreschflegel)	zierlicher Salat mit besonderer Färbung: das Blatt ist goldgrün mit altrosa Sprenkeln und wird zur Mitte hin heller; Anbau von Februar bis Juni
'Kagraner Sommer' (Sativa)	mittelgrüne, robuste Sorte für den Hochsommer; sehr schossfest
'Maikönig' (Sativa)	klassischer Buttersalat mit hellgrünen Blättern, deren Rand leicht rötlich ausläuft; zuverlässige Sorte für den Frühjahrsanbau
'Pilsner Steinkopf' (Sativa)	niedrig wachsende, kleine, aber sehr feste (steinfeste) Köpfe; grüne Blätter, die am Rand leicht rötlich gefärbt sind; früh bis mittelfrüh, robust; schmackhaft; alte Sorte oder Landsorte aus Westböhmen; die Tradition von Steinsalaten (Stupicky kamenac) geht in Böhmen bis ins 19. Jahrhundert zurück
'Prinz von Löwenstein' (Sativa)	alte Sorte (vor 1955); Kopfsalat mit mittelgrünen Blättern mit hellbraun-roter Fleckung; weitere Selektion auf Festigkeit der Köpfe nötig
'T(h)om Thumb' (Sativa)	ein Kopfsalat aus viktorianischer Zeit (vor 1885), heute noch genauso beliebt wie damals; kleine Köpfe von der Größe eines Apfels mit hellgrünen, gekräuselten Blättern; die Köpfe bilden sich frühzeitig
'Winterkönig' (Sativa)	grüner, winterharter Kopfsalat mit leicht rötlichem Anflug; Pflanzung im Oktober; nicht geeignet für Vliesabdeckung

Eis- und Bataviasalat

'Eisenhappl'	bildet kleine helle Köpfe mit knackigem Blatt; üppiges mittelgrünes Umblatt mit scharf gezähntem Rand
'Grazer Krauthäuptel'	eine sehr traditionsreiche österreichische Sorte; obwohl äußerst wohlschmeckend und gut eingeführt, musste diese Sorte modernen Sorten weichen, weil sie im Sommer weniger hitzebeständig ist und zum »Randen« neigt (die Salatköpfe färben sich an den Rändern dunkel); ein »Qualitätsproblem«, das manche moderne Sorten nicht aufweisen
'Laibacher Eis'	mittelfrüher, rot getuschter Bataviasalat für die Ernte im Frühjahr und Sommer; gute Kopfbildung; spät schossend; keine Mehltauresistenzen, aber auf dem Feld regelmäßig eine der besten Sorten
'Rouge de Grenoble'	Bataviasalat; widerstandsfähige, rotblättrige Sorte mit lockeren, großen Köpfen; für den Anbau im Frühjahr und Sommer

Kopfsalat 'Brauner Trotzkopf'

Frostunempfindliche Endivie: 'Bubikopf'

Dekorativer Romanasalat: 'Forellenschluss'

Kopfsalat 'Prinz von Löwenstein'

INTERESSANTE ALTE SALATSORTEN

Romanasalat

'Forellenschluss' (grüner Tiger)	traditionelle Sorte aus Österreich, die kürzlich wiederentdeckt wurde; sehr dekorativer Römersalat mit grünen, rotbraun getupften Blättern – ähnlich einer Regenbogenforelle; sehr beständig gegen Sommerhitze
'Kaiser Selbstschluss' (Arche Noah)	starkwüchsige, straff aufrechte Blattschöpfe; mittelgrün, außen rötlich überlaufen; die schweren Pfeifen sind innen gut gebleicht; sehr ertragreich; geschmacklich sehr gut
'Kasseler' (Dreschflegel)	hellgrüne Rosetten, selbstschließend; die Strünke schossender Pflanzen werden wie die von Spargelsalat verwendet und daraus die regionale Spezialität »Schlupperkohl« zubereitet
'Sucrine' (grüner Tiger)	Halb-Römersalat; sehr alte frühe Sorte mit kleinen Köpfen von 18–20 cm Durchmesser und Höhe; sehr gute Hitzeverträglichkeit; saftige, wohlschmeckende Blätter
'Teufelsohren' (Arche Noah)	dunkelrot bis grün gemustert; sehr guter Geschmack, sehr zart; frühreif; gesund
'Ungarischer Römer' (Arche Noah)	große Pfeifen; Blätter grün, teilweise mit rotem Rand; zart, knackig, sehr geschmackvoll; alte ungarische Sorte; noch nicht völlig sortenrein
'Wiener Maidivi' (VEN e. V.)	alte österreichische Sorte (vor 1955); echter Bindesalat, d. h. nicht selbstschließend; löffelförmige, leuchtend hellgrüne Blätter, im oberen Drittel leicht nach außen gebogen

Spargelsalat

'Chinesische Keule' (Dreschflegel)	die dickste der angebotenen Sorten
'Cracoviensis' (Sativa)	bereits 1885 beschriebene Sorte; großköpfig und widerstandsfähig gegen Kälte; kann in der zweiten Jahreshälfte als Spargelsalat angebaut werden; wohlschmeckend
'Roter Stern' (Dreschflegel)	rötliches Gegenstück zum 'Grünen Stern' (einer weiteren Spargelsalatsorte) mit etwas früherer Erntereife; beide Sorten gemischt auf dem Beet sehen hübsch aus und verlängern die Ernteperiode

Pflück- und Schnittsalat

'Kanarienzunge' (VEN e. V.)	alter Eichblattsalat; einer der schönsten und wuchtigsten Salate überhaupt; hell bis dunkelgrün und überaus interessant geformt (mehrfach tief, aber rundlich eingeschnitten); riesige Köpfe mit viel innerer Blattmasse; zarter Geschmack; verträgt die Sommerhitze
'Ochsenzunge' (Dreschflegel)	aus Rumänien und Kasachstan; große Pflanzen; kräftig grüne, fleischige, zarte Blätter; leicht nussiger Geschmack; lange Erntezeit
'Roter von Grenoble' (grüner Tiger)	sehr alte Sorte für den Frühjahrs- und Sommeranbau; Blätter in leuchtendem Rot; dicke, mittelfeste Köpfe mit knackigem, sehr welligem Blatt; auch bei sommerlichen Hitzeperioden spät schossend

INTERESSANTE ALTE SALATSORTEN

Pflück- und Schnittsalat

'Till' (Sativa)	Pflücksalat mit attraktivem Aussehen und gutem Geschmack; fest geschichtete Blätter ergeben eine kompakte, kopfähnliche Rosette mit nach außen abstehenden Blattzipfeln; schossfest
'Venezianer' (Sativa)	alte Sorte mit hellgrünen, länglich gezackten Blättern; rasch und stark wachsend; als Pflücksalat oder als ganze Pflanze zu ernten; für den Anbau vom Frühjahr bis zum Herbst

Zichoriensalat

'Cicoria Pan di Zucchero' (VEN e. V.)	alte italienische Sorte; spitz zulaufende hellgrüne Blätter; in Kisten im kühlen Keller bis ins Frühjahr lagerbar
'Zuckerhut' (Dreschflegel)	bildet hellgrüne, spitz zugedrehte Köpfe, denen die Sorte ihren Namen verdankt; mild im Geschmack

Radicchio

'Palla Rossa' (Dreschflegel)	runde Köpfe aus roten Blättern mit weißen Rippen
'Variegata di Luisa' (ReinSaat)	bildet kugelige, relativ feste Köpfe aus beige-weißen, weinrot gesprenkelten Blättern; italienische Sorte; Selektion angepasst für Anbau nördlich der Alpen

Chicorée

'Di Bruxelles' (Witloof) (Dreschflegel)	alte Sorte zum Treiben mit Deckerde; er bildet gelbgrüne, feste Köpfe

Endiviensalat

'Bubikopf' (Sativa)	zuverlässige, robuste und frostunempfindliche Sorte; ganzrandige Blätter; Köpfe mit gut gefüllter Mitte; spät schossend; geeignet für den Herbstanbau im Freiland und im Glashaus
'Hamburger Endivien' (Arche Noah)	große und mittlere Köpfe; grünes Laub, zur Mitte etwas heller und gelblicher; äußere Blätter etwas herb, innere zart und knackig; eine der besten Endivien überhaupt; alte Sorte, wurde während des 2. Weltkrieges in Schrebergärten Hamburgs angebaut
'Wallone' (Dreschflegel)	Frisée-Endivie mit großen Köpfen, die sich zum Teil selbst bleichen; fein gekraustes Blatt; auch bei schlechter Witterung sehr widerstandsfähig; bedingt frosthart

Kein anderes Gemüse zeigt eine solche Variationsbreite in Blattform und -farbe wie Salat. Die Blätter können ganzrandig, gezackt, geschlitzt oder gekräuselt sein. Es gibt grüne bis rotbraune Salatsorten.

Vielfalt in der Salatschüssel

Der Trend in der Küche geht zum Salat-Mix. Nicht Kopfsalat pur in langweiliger Essig-Öl-Marinade, sondern bunte, glatte, krause, milde, knackige, scharfe Blätter, getoppt von kreativen Dressings sind gefragt. Viele »Salatpflanzen«, die sich dafür prima eignen, waren schon einmal da, sind aber mangels Nachfrage wieder in der Versenkung verschwunden. Einige erleben momentan eine wahre Renaissance. Rucola zum Beispiel oder Sauerampfer und Hirschhornwegerich. Andere brauchen wohl noch etwas Zeit und vielleicht auch etwas Marketing: Barbarakraut, Postelein, Löffelkraut, Melde, Brunnenkresse und Eiskraut warten darauf, wiederentdeckt zu werden.

Natürlich gibt es auch Neuheiten, die für diesen Zweck geeignet sind. Shiso, die Schwarznessel *(Perilla frutescens)* mit ihren dunkelvioletten Blättern oder verschiedene Asia-Salate wie Mizuna, Mibuna, Japanischer Senf, Tatson und Red Giant (allesamt *Brassica-*, also Senfarten).

Mixed Green

Mixed Green besteht aus einer saisonal wechselnden Mischung von verschiedenen Blattgemüsen wie Mangold, Rotes Rübenblatt, Malve und anderen.
Verwendung: Fünf Minuten über Wasserdampf garen, anschließend mit Olivenöl, Zitronensaft und Salz abschmecken, kurz anbraten und zu Nudeln oder Reis servieren. Fünf Minuten in einer Gemüsebrühe köcheln und als Suppe genießen oder in ganz feine Streifen geschnitten roh als Salatmischung.

aus: Ochsenherz, Gärtnerhof, Was wir schon immer über Sortenvielfalt wissen wollten …

Mediterranes Kraut mit Flair

Salatrauke *(Eruca sativa)*
Synonyme: Rucola, Senfrauke, Ölrauke

Kaum ein anderes Gewächs hat in den letzten Jahren so eine Popularität erreicht wie die Salatrauke. Als »Rucola« tauchte sie erst in mediterran geprägten Feinschmeckerlokalen auf, dann beim »Italiener um die Ecke« und schließlich im Supermarktregal. Ursprünglich stammt das würzig herbe Kraut aus dem Mittelmeergebiet. Als Würz- und Heilpflanze war und ist es dort sehr beliebt. Auch die Germanen kannten die Salatrauke, schätzten sie vor allem aber als Potenzmittel.

Interessant ist ihr hoher Gehalt an Senfölen, die ihr ihren aromatischen und scharfen Geschmack verleihen, der dem von Kresse und Rettich ähnelt. Das ist nicht verwunderlich, da sie alle den Kreuzblütlern *(Brassicaceae)* angehören. Im Handel werden unter der Bezeichnung »Rucola« zwei botanisch verschiedene Pflanzenarten angeboten, die sich in ihrer Blattform, ihrem Wuchs und auch in ihrem Geschmack etwas unterscheiden. Zum einen die **Salatrauke** *(Eruca sativa)* mit ihren weichen rundlichen Blättern, die am Rand leicht gewellt sind. Sie wird einjährig kultiviert und blüht weiß. Ihre jungen Blätter sind nussig-würzig, aber angenehm mild. Zum anderen die **Wilde Rauke** *(Diplotaxis tenuifolia)*. Diese ist mehrjährig, blüht gelb und hat Blätter mit wesentlich »wilderem« Geschmack. Sie werden deshalb eher zum Würzen denn als Salat verwendet.

Im Anbau sind beide Arten völlig unkompliziert. Bei kontinuierlichem Schnitt kann über Wochen geerntet werden. Ein paar Pflanzen auf dem Beet oder im Topf liefern genügend Blattmasse.

Goldschürfersalat aus eigenem Anbau

Winterportulak *(Claytonia perfoliata,*
Syn. *Montia perfoliata)*
Synonyme: Postelein, Tellerkraut, Kubaspinat, Claytonie

Der Winterportulak gehört zur Familie der Quellkrautgewächse *(Montiaceae)* und kommt als Wildpflanze an den Küsten von Mexiko bis Südkanada vor. Der Botaniker John Clayton beschrieb ihn als Erster, deshalb heißt der Winterportulak bei manchen Gärtnern auch Claytonie. Die Amerikaner nennen ihn »miner's lettuce«, da er wahrscheinlich den Goldschürfern als Nahrung gedient hat. Über Umwege (Kuba → Kubaspinat) kam er nach Europa und wurde sowohl als Salat wie auch als Spinatgemüse angebaut. In einigen Gegenden fühlte sich das amerikanische Gewächs so wohl, dass es zum Gartenflüchtling wurde. In manchen Gärtnereien bezeichnet man es sogar als Unkraut.

Der Postelein ist eine einjährige, krautige Pflanze, die nur etwa 10 cm hoch wird. Die Blattrosette, die aus lang gestielten, fleischigen Blättern besteht, liegt flach auf dem Boden auf. Die ersten Blätter sind leicht oval zugespitzt, die Folgeblätter schüsselförmig eingedellt. Weder an den Boden noch an die Lichtverhältnisse stellt der Winterportulak hohe Ansprüche.

Für die Nutzung als Wintersalat (etwa als Alternative zum Feldsalat) wird im September ausgesät. Eine etwas kühlere Witterung ist von Vorteil, denn bei Temperaturen über 12 °C keimen die Samen nicht. Die Aussaat gelingt leichter, wenn man das feine Saatgut mit Sand vermischt. Breitwürfig oder in Reihen wird relativ dicht gesät, was später die Ernte erleichtert. Bereits sechs bis acht Wochen nach der Aussaat können die ersten fleischigen Blätter abgeschnitten werden. Bleibt das Herz dabei verschont, treibt die Pflanze erneut durch und liefert bis zu dreimal knackiges Grün. Will man eine unkontrollierte Versamung verhindern, lässt man die Pflanze nicht zur Blüte kommen. Stört es einen nicht, dass sich dieses unkomplizierte Salatgemüse im Garten selbst erhält, so lässt man es aussamen und wird fortan stets irgendwo im Garten Winterportulak finden.

So blüht Winterportulak.

Postelein wird frisch als Salatbeigabe verwendet oder wie Spinat zubereitet. In jedem Fall bereichert er die winterliche Küche. Durch seinen hohen Gehalt an Vitamin A und C tut er dies obendrein auf äußerst gesunde Weise.

Daneben gibt es noch den **Portulak** oder **Sommerportulak** *(Portulaca oleracea)* aus der Familie der Portulakgewächse *(Portulacaceae)*, der nur gelegentlich als Gemüse verwendet wird.

Italien lässt grüßen

Hirschhornwegerich *(Plantago coronopus)*
Synonyme: Hirschhornsalat, Erba Stella, Krähenfußwegerich

Der Hirschhornwegerich gehört zur Familie der Wegerichgewächse *(Plantaginaceae)*. Er stammt aus dem Mittelmeergebiet, wo er bis heute als Wildpflanze vorkommt. Seine hiesigen, weniger dekorativen Verwandten heißen Spitz- und Breitwegerich *(Plantago lanceolata, P. major)* und sind vor allem entlang von Feldwegen zu finden. Auch sie sind essbar, aber bei Weitem nicht so schmackhaft. Ebenso wie seine wilden Verwandten bildet der Hirschhornwegerich eine krautige Rosette. Dank seiner ungewöhnlichen und interessanten Blattform, die an ein Geweih erinnert, ist er nicht nur in der Küche ein Hingucker, sondern macht auch im Gemüsegarten eine gute Figur.

Nun könnte man meinen, dass dieses Kraut eine neuzeitliche Modeerscheinung sei, doch weit gefehlt. Bereits im 16./17. Jahrhundert hatte es seinen Platz in den Gärten und wurde in der botanischen Literatur erwähnt. Und das nicht nur in Italien, wo es Bestandteil des beliebten »Misticanza« ist, sondern auch bei den Engländern, die ihm den Namen »Buckhorn Plantain« gaben.

In seiner Kultur ist Hirschhornwegerich absolut anspruchslos. Obwohl winterhart und ausdauernd, wird er am besten einjährig kultiviert. Dazu streckt man das feine Saatgut mit Sand und sät ab April aus: Am besten sät man dünn in Reihen mit Abständen von 20 cm. Das erleichtert das Ernten gegenüber einer breitwürfigen Saat. Bereits sieben bis neun Wochen nach der Aussaat haben die feinen Blätter etwa Handlänge erreicht und können geschnitten werden. Nach dem Prinzip CCA (cut and come again) sind drei bis vier Ernten möglich. Nur die ganz jungen Blätter sind für den Frischverzehr geeignet. Mit ihrem erfrischenden, leicht bitteren Geschmack und ihrer tollen Optik bereichern sie jeden Salat.

Je kleiner, desto feiner: zarte Hirschhornwegerichblätter

Nasse Füße erwünscht

Brunnenkresse *(Nasturtium officinale)*
Synonyme: Wasserkresse, Bachkresse, Bachbitterkraut

Die weißen Kreuzblüten verraten ihre Familienzugehörigkeit. Wie die Gartenkresse *(Lepidium sativum)*, die Winterkresse *(Barbarea vulgaris)* oder die Löffelkresse *(Cochlearia officinalis)* gehört auch die Brunnenkresse zur Familie der Kreuzblütler *(Brassicaceae)*. Diese ist eine sehr bedeutende Gemüsefamilie. Sämtliche Kohlarten, Speiserüben, aber auch Rettiche, Radieschen und Meerrettich gehören ihr an. Da man diese Pflanzen aber eigentlich nie im blühenden Zustand zu Gesicht bekommt, liegt der Gedanke an Kreuzblütler gar nicht nahe.

Als Kosmopolit ist die Brunnenkresse auf der ganzen Welt heimisch, hat aber besondere Ansprüche an ihren Standort. Sie braucht nasse Füße. Ja, noch mehr: Sie verlangt sauberes, bewegtes Wasser. Sie gilt deshalb als Indikator für die Gewässergüte. Dies ist auch der Grund, warum sie in Mitteleuropa in freier Natur nur noch selten zu finden ist, früher jedoch in jedem Wassergraben zu Hause war. Ein Anbau im Hausgarten macht also durchaus Sinn, auch wenn das nicht so einfach auf dem Gemüsebeet geht. Neben der Wildsammlung gab es auch früher schon die gärtnerische Kultur von Brunnenkresse.

Bereits im 18. Jahrhundert bauten findige Gärtner im Erfurter Raum sie erwerbsmäßig an. In terrassenförmig angelegten Teichen (mit 20–40 cm Wassertiefe), die von Quellen gespeist wurden, zogen sie das gesunde und begehrte Kraut.

Die mehrjährige Brunnenkresse bildet reichlich Ausläufer, die am Gewässergrund entlangkriechen. Ihre Triebspitzen mit den saftig-grünen Blättern ragen dagegen über die Wasseroberfläche hinaus. Etwa im Mai erscheinen die weißen Blüten. Sie sind das Signal, die Ernte zu beenden, damit die Pflanzen den Rest des Jahres Kraft für die nächste Saison schöpfen können.

Fließendes Brunnenwasser wird man ihr im Hausgarten kaum bieten können, aber mit einem Platz im Gartenteich ist die Brunnenkresse meist auch zufrieden. Am besten besorgt man sich einige Pflanzen beim Staudengärtner oder entnimmt Stecklinge vom Wildstandort, die man am Teichrand einsetzt. Kurz nachdem sie angewachsen sind, können die ersten Triebspitzen gekostet werden.

Brunnenkresse: Vitamine aus dem Gartenteich

Erntezeit ist von Oktober bis Mai. Am besten schmecken die Triebe jedoch zu Frühlingsbeginn: aufs Butterbrot gestreut oder unter Kartoffelsalat gemischt. Ihr Geschmack ist leicht scharf und erinnert an den von Rettich, was durch die enthaltenen Senfölglykoside bedingt ist. Andere Inhaltsstoffe stärken die Widerstandskräfte und regen den Stoffwechsel an – eine Frühjahrskur aus dem eigenen Garten.

Kresse XXL

Barbarakraut *(Barbarea vulgaris)*
Synonyme: Winterkresse, Barbarakresse

Im Geschmack ähnlich wie Brunnenkresse, aber wesentlich einfacher zu ziehen ist das Barbarakraut. Wild wächst es auf etwas feuchteren Standorten. Als zweijährige Pflanze bildet es im ersten Jahr eine Blattrosette aus gefiederten, dunkelgrünen Blättern, um dann im Folgejahr, etwa ab Mai, seine gelben Kreuzblüten emporzuschieben.

Immer frisch: Barbarakraut aus dem Topf

Im Winter und im Frühling bis zur Blüte werden die kresseartig würzigen Blätter geerntet und sind eine äußerst vitaminreiche Ergänzung für Salate oder Spinatgemüse. Damit sind die Verwendungsmöglichkeiten dieses robusten Krautes in der Küche aber sicherlich noch nicht ausgeschöpft. Wie wäre es etwa mit einem »Barbararisotto«?

Manche mögen's heiß

Eiskraut *(Mesembryanthemum crystallinum)*
Synonym: Kristallkraut

Während das Eiskraut aus der Familie der Mittagsblumengewächse *(Aizoaceae)* hierzulande kaum bekannt ist, gehört es in Frankreich als »Ficoide glaciale« schon lange in die feine Küche. Ursprünglich in den Küstenregionen Südafrikas vorkommend, hat sich die trockenheitsliebende Pflanze bereits in den Mittelmeerländern eingebürgert.

Die besten Ergebnisse erzielt man, wenn das Eiskraut als Kübelpflanze in Kakteenerde an einem sonnigen, regengeschützten Platz wachsen darf. Geerntet werden ganze Triebspitzen. Das regt die Verzweigung an und zögert die Blütenbildung hinaus – die Voraussetzung für eine kontinuierliche Ernte. Klein geschnitten gibt man die Triebspitzen zu Mischsalaten, die dadurch eine erfrischende, säuerlich-salzige Komponente erhalten.

Faszinierende Pflanzengestalt: Eiskraut

Sauer macht lustig

Ampfer *(Rumex* spec.)

Ampfer gehört wie der Rhabarber zur Familie der Knöterichgewächse *(Polygonaceae)*. Aber Ampfer ist nicht gleich Ampfer. Etwa 200 verschiedene Arten der Gattung *Rumex* gibt es. Nur einige davon sind zum Verzehr geeignet. Sauerampfer *(Rumex acetosa)* kennt jedes Kind. Eine Kulturform davon, der **Garten-Sauerampfer** *(Rumex rugosus)*, hat etwas üppigere Blätter und nicht ganz so viel Säure. Bereits im Mittelalter wurde er in den Gärten kultiviert und trug im Frühling als erstes frisches Grün zur Vitamin-C-Versorgung bei. In Hessen ist er wichtige Zutat der »Grünen Sauce« und in Bayern der Gründonnerstagssuppe. Die Franzosen lieben den »oseille« so sehr, dass die frischen Blätter sogar auf Wochenmärkten zu finden sind. Als besondere Delikatesse gilt in der französischen Küche die Sauerampfersuppe.

Sauerampfer in voller Blüte

Französische Sauerampfersuppe

ZUTATEN

200 g Sauerampferblätter
4 mittelgroße Kartoffeln
1 Zwiebel
Butter
1–1,5 l Gemüsebrühe
Thymian
Salz, Pfeffer
0,4 l Sahne

ZUBEREITUNG

- Sauerampfer waschen und Mittelrippen herausschneiden. Blätter in Streifen schneiden.
- Kartoffeln schälen und würfeln.
- Zwiebel fein hacken und in Butter glasig andünsten.
- Sauerampfer zugeben, leicht anschwitzen, dann Kartoffelwürfel dazugeben.
- Brühe angießen, etwa 20 Minuten köcheln lassen, dann Gewürze dazugeben und alles pürieren.
- Die Hälfte der Sahne zugeben, den Rest fast steif schlagen und nur leicht unter die fertige Suppe ziehen.

Seinen erfrischend säuerlichen Geschmack verdankt der Garten-Sauerampfer der Oxalsäure. Beim Kochen gibt man Sauerampfer am besten erst kurz vor Ende der Garzeit zu den Gerichten, damit das Aroma nicht verloren geht. Der **Gemüse-Ampfer** *(Rumex patientia)* oder Ewige Spinat wird wegen seiner Beliebtheit in England auch als

»Englischer Spinat« bezeichnet und bildet recht große Blätter aus, die als Spinatgemüse verwendet werden.

Eine besondere Attraktion stellt der **Blut-Ampfer** *(Rumex sanguineus)* dar, der in den letzten Jahren wieder häufiger angeboten wird. Seine wunderschönen, rot geäderten Blätter sind fast zu schade, um geerntet zu werden, so gut macht er sich auf dem Gemüsebeet, im Topfgarten oder auch zwischen passenden Stauden. Aber ein paar Blättchen reichen schon aus, um Farbe in die Salatschüssel zu bringen. All diese Ampferarten sind mehrjährig und in ihrer Kultur sehr unkompliziert, somit auch für den Gartenanfänger geeignet.

Erkennungsmerkmal rote Adern: Blut-Ampfer

Ein herzhaftes Vergnügen

Löffelkraut *(Cochlearia officinalis)*
Synonym: Skorbutkraut, Löffelkresse, Bitterkresse

Ein weiterer gesunder Kreuzblütler ist das Löffelkraut. »Skorbutkraut« wurde es früher auch genannt. Mit seinem hohen Vitamin-C-Gehalt beugte man in Winterzeiten dieser Mangelerkrankung vor. Löffelkraut, das seinen Namen wegen der Form seiner kleinen Blätter trägt, wächst wild an europäischen Atlantikküsten.

Es bevorzugt feuchten, leicht salzhaltigen Boden. Bekommt es nicht genügend Wasser und steht es zu heiß, schmecken die Blätter streng und bitter. Für die Ernte im Winter und Frühjahr sät man es im Spätsommer aus. Als typisch zweijährige Pflanze blüht es im folgenden Jahr mit duftenden weißen Blüten und eignet sich dann nicht mehr für den Verzehr.

Löffelkraut ist herzhaft, sein Geschmack liegt zwischen dem von Meerrettich und Senf. In Salaten, Suppen und Saucen kommt es besonders gut zur Geltung.

Löffelkraut: bitter und reich an Vitamin C

Zarter Wintergast

Feldsalat *(Valerianella locusta)*
Synonyme: Rapunzel, Nüsslisalat, Vogerlsalat, Mausohrsalat

Feldsalat gehört botanisch zur Unterfamilie der Baldriangewächse *(Valerianoideae)* – ein Verwandter also des wohlriechenden Schlafkrauts. Die Verwandtschaft merkt man am zarten Duft der zerriebenen Blätter. Er bildet lockere, niedrig bleibende Rosetten aus löffelartigen Blättchen, die bei Kälte ihr typisches nussiges Aroma entwickeln. Wenn anderes längst verblüht ist, trotzt er dem Frost. Seine Heimat liegt im Mittelmeerraum, doch auch nördlich der Alpen wächst er mancherorts wild. Einst wild an Ackerrändern und Weingärten gesammelt, beginnt seine Geschichte als Kulturpflanze bereits um 1700.

Feldsalat ist genügsam. Er keimt im Spätsommer, wächst langsam, aber sicher und übersteht Temperaturen weit unter null Grad. Die kleinen Rosetten werden samt Wurzel geerntet. Gewaschen wird mit viel Geduld, denn zwischen den Blattrosetten verstecken sich gerne Sand und Käfer. In der Küche passt Feldsalat zu allem, was warm ist: Kartoffeldressing, Speck, Pilze, geröstete Nüsse oder gebackener Ziegenkäse. Er ist der Salat für den Winter – nicht als Notlösung, sondern als perfekter Genuss.

Alte Sorten haben so schöne Namen, wie ‘Kölner Palm‘, ‘Dunkelgrüner Vollherziger‘ oder ‘Lisbeths Rapünzelchen‘. Diese sind alle samenfest, lässt man die Pflanzen zur Blüte kommen, versamen sie sich von selbst und die nächste Ernte ist gesichert.

Ein typischer Wintersalat: Feldsalat

Meer geht immer

Queller *(Salicornia europaea)*
Synonyme: Meeresspargel, Glasschmelzkraut

Wo andere Pflanzen längst die Segel streichen, beginnt für ihn das Leben: Der Queller wächst dort, wo es salzig, feucht und unwirtlich ist – in Salzwiesen, auf Wattflächen und an Meeresufern. Kein Wunder also, dass man ihn auch den »Meeresspargel« nennt. Er ist ein echtes Naturtalent, ein Halophyt, also ein Salzliebhaber, der sich mit maritimer Gelassenheit in Lebensräume wagt, in denen andere niemals Fuß fassen würden. Dabei ist er keine Alge, sondern ein Fuchsschwanzgewächs *(Amaranthaceae)*, wie der Gemüse-Amarant und der Gartenfuchsschwanz.

Die knubbelig-fleischigen Triebe, die sich grün bis rötlich verfärben, erinnern an dicken Ackerschachtelhalm. Sein Geschmack? Eine salzige, knackige Mischung aus Alge, Spargel und grünem Pfeffer – überraschend, frisch und unverwechselbar. Ein echtes Feinschmeckergemüse, das in der Spitzengastronomie längst wiederentdeckt wurde.

Ursprünglich wurde Queller nicht gegessen, sondern verbrannt – um aus seiner Asche Pottasche für die Glasherstellung zu gewinnen. Daher auch der alte Name »Glasschmelzkraut«. Erst später kam man auf den Gedanken, ihn kulinarisch zu nutzen – eine Entscheidung, die man nicht bereuen sollte.

Der Anbau im Garten ist möglich, aber eine kleine Herausforderung. Queller braucht salzhaltige Bedingungen – idealerweise wird er in Kübeln kultiviert mit einer Mischung aus Sand und Lehm. Gegossen wird nicht mit Regen- oder Leitungswasser, sondern mit salzreichem Wasser – hier darf es ruhig Meerwasser sein oder eine hausgemachte Salzlösung. Er liebt Sonne, Wind und raues Klima – also ein typischer Nordseecharakter. Die Aussaat erfolgt im zeitigen Frühjahr, die Ernte ab Juni, wenn die Triebe 10–15 cm hoch sind. Geerntet wird durch Abknipsen der oberen, noch zarten Triebspitzen – immer nur so viel, dass die Pflanze weiterwächst.

Vom Strand in die Küche: Queller

In der Küche sorgt Queller für maritime Frische. Roh als knackige Beigabe im Salat, kurz blanchiert als Beilage zu Fisch, mit Zitrone, Butter oder in Risotto und Pasta – sein Aroma bleibt stets präsent, aber nie aufdringlich.

Queller ist kein Gemüse für die breite Masse, sondern eine Delikatesse für Neugierige. Wer ihn einmal probiert hat, vergisst ihn nicht. Salzig, saftig, spannend – ein echtes Küstenkind mit kulinarischem Charakter.

Mangold-Jungpflanzen können ab Mitte April bis Ende Juni direkt ins Freiland gepflanzt werden, sobald die Frostgefahr vorüber ist. Alternativ kann man Mangold auch ab Mai direkt ins Beet säen.

Spinatgemüse

Der Begriff »Spinatgemüse« stammt nicht aus der Botanik, sondern aus der Küche. Er beschreibt die Zubereitungsart dieser Pflanzen. Typischerweise werden beim Spinatgemüse die Blätter mit oder ohne Stängel gedünstet, gekocht oder blanchiert. Alle diese Pflanzen enthalten Oxalsäure und Saponine, die ihnen nicht nur den leicht bitteren Geschmack verleihen, sondern auch das typische Mundgefühl verursachen: ein leicht pelziges, stumpfes Gefühl, das vor allem Kinder als unangenehm empfinden und deshalb Spinat oft in jeder Form ablehnen.

Unter dem Namen »ispany« tauchte der Echte Spinat *(Spinacia oleracea)* etwa im 16. Jahrhundert in Mitteleuropa auf. Von den Persern als »Fürst der Gemüse« verehrt, gelangte er vermutlich über Spanien nach Deutschland. Mit weitreichenden Folgen: Er verdrängte viele bis dahin angebaute und als »Spinatpflanzen« genutzte Gewächse.

Die Melde *(Atriplex hortensis)*, der Gute Heinrich *(Chenopodium bonus-henricus)*, Amarant *(Amaranthus lividus*, Syn. *Amaranthus blitum)* und Baumspinat *(Chenopodium giganteum)* gehörten dazu. Auch Mangold *(Beta vulgaris* subsp. *vulgaris)* und der Gemüse-Ampfer *(Rumex patientia)*, auch Ewiger Spinat genannt, wurden mit einem Mal als Armeleuteessen geschmäht und gerieten in Vergessenheit.

Zu Unrecht, denn in der Kultur sind sie alle völlig anspruchslos und ihr Geschmack als Gemüsebeilage ist angenehm aromatisch. Ein Ausprobieren im Garten lohnt sich in jedem Fall – auch in Zeiten von grüner, in Würfel gepresster Tiefkühlware.

Nebenbei belebt altes Spinatgemüse mit seinem attraktiven Aussehen – man denke nur an rotstängeligen Mangold oder an einen magentafarbenen Baumspinatteppich – den Gemüsegarten.

Aus der Versenkung aufgetaucht

Mangold *(Beta vulgaris* subsp. *vulgaris)*
Synonyme: Krautstiel, Sommerspinat

Es gibt kaum einen Gemüsemarkt, auf dem man dem Mangold nicht begegnet. Nach langen Jahren in der Versenkung ist er zum Shooting Star avanciert. Wie der Spinat gehört er zur Familie der Gänsefußgewächse *(Chenopodiaceae)*. Näher als mit Spinat ist er jedoch mit der Roten Bete *(Beta vulgaris* subsp. *vulgaris* var. *vulgaris)* und der Zuckerrübe *(Beta vulgaris* subsp. *vulgaris* var. *altissima)* verwandt, wie aus dem Gattungsnamen *Beta* ersichtlich wird.

»Beta« erscheint bereits im 8. Jahrhundert in der »Capitulare de villis« Kaiser Karls des Großen, wobei nicht feststeht, ob damit Mangold oder Rübe gemeint ist. Im 16. Jahrhundert jedenfalls hieß Mangold »Mangolt« und Rote Bete »Rotrüben«, wie im »Neu Kreuterbuch« von Leonhard Fuchs (1501–1566) nachzulesen ist. Die Vorfahren des Mangolds sind im östlichen Mittelmeergebiet und in Kleinasien zu suchen. Belege dafür gibt es bereits bei Hippokrates. Es handelt sich also um eine uralte Kulturpflanze, die es über Umwege zurück in unsere Küche geschafft hat.

Man unterscheidet bei dieser Gemüseart im Wesentlichen zwei Formen: Der Stiel- oder Rippenmangold (*Beta vulgaris* subsp. *vulgaris* var. *flavescens*) – in der Schweiz auch Krautstiel genannt – bildet breite, dicke Blattrippen aus. Diese werden in der Küche ähnlich wie Spargel zubereitet. Dagegen hat der Blatt- oder Schnittmangold (*Beta vulgaris* subsp. *vulgaris* var. *cicla*) nur dünne Blattstiele. Seine großen Blätter verwenden

Köche wie Spinat. Es gibt aber auch Zwischenformen bzw. Zweinutzungssorten, etwa die Sorte 'Lucullus'.

Die Kultur im Garten ist nicht schwierig. Auf tiefgründigen, humosen, optimal mit Nährstoffen versorgten Lehmböden, sogenannten Rübenböden, gedeiht Mangold besonders gut. Bei Stielmangold empfiehlt es sich, Pflänzchen vorzuziehen und diese in einem Abstand von etwa 35 × 35 cm zu setzen. Schnittmangold sät man am besten direkt ins Beet: in einem Reihenabstand von 30 cm und je 5 cm zwischen den Samenknäueln. Die Aussaat sollte erst ab Ende April erfolgen, denn Kälte löst vorzeitiges Schossen aus und das gilt es zu vermeiden. Bis zur Ernte vergehen 8–10 Wochen.

Auch eine Zierde im Garten: Mangold

Unter Schonung der Herzblätter bricht man nur die äußeren Blätter ab, sodass eine laufende Beerntung derselben Pflanze möglich ist. Im Gegensatz zu Spinat, der bei Hitze sofort Blüten bildet, liefert Mangold den ganzen Sommer über frisches Grün. Neben der spargel- oder spinatähnlichen Zubereitung gibt es noch viele andere Möglichkeiten. Ganz junge Blätter können in der Salatschüssel landen und besonders große Blätter schmecken köstlich, wenn sie mit Hackfleisch gefüllt und leicht gedünstet werden. Perfekte Begleiter sind Muskatnuss, Knoblauch, Parmesan, Pinienkerne oder Walnüsse. Der Fantasie sind keine Grenzen gesetzt. Nur schade, dass beim Kochen die attraktiven Farben verblassen.

Apropos Farbe: Die Engländer pflanzen Mangold mitten ins Blumenbeet und platzieren pinkfarbene Blattstiele neben samtig schimmernde weinrote Pompon-Dahlien oder orangefarbenen Mangold neben Bronzefenchel. Aber auch als Solitär im Tontopf auf der Terrasse kann sich bunter Mangold sehen lassen.

Mangold-Soufflé

ZUTATEN

140 g Butter
20 g Semmelbrösel
600 g Mangoldblätter
Salz
6 Eier, Muskatnuss
200 g frisch geriebener Käse
75 g Sahne
4 EL Crème fraîche
3 El Mehl

ZUBEREITUNG

- Eine ofenfeste Form mit Butter auspinseln und mit Semmelbröseln ausstreuen.
- Die Mangoldblätter waschen, putzen und kurz in Salzwasser blanchieren. Abschrecken, ausdrücken und grob hacken.
- Die Eier trennen. Die Butter mit Eigelb und Muskat schaumig rühren.
- Mangold untermengen, dann abwechselnd geriebenen Käse, Sahne und Crème fraîche unterrühren.
- Anschließend steif geschlagenes Eiweiß und das Mehl unterziehen. Mit Salz würzen.
- Die Masse in die Form füllen und bei 180 °C 30–40 Minuten backen.

Stielmangold vom Feinsten

'Hunsrücker Schnitt': Blattmangold mit breiten Rippen

'Rhubarb Chard': sehr dekorativ

'Roter Vulkan' mit Gewürz-Tagetes

Mangold bringt Farbe ins Beet.

Eine gute Seele kehrt zurück

Guter Heinrich *(Chenopodium bonus-henricus)*
Synonyme: Dorf-Gänsefuß,
Wilder Spinat, Heinerle

Wie Mangold, Spinat und Melde gehört der Gute Heinrich in die Familie der Gänsefußgewächse *(Chenopodiaceae)*. Als robuste Gemüse- und Heilpflanze wird die heimische Staude seit dem Altertum genutzt. Erst durch Wildsammlung, später durch gezielten Anbau. Ihr Werdegang ist dennoch deprimierend. War der Gute Heinrich einst eine typische Bauerngartenpflanze, steht er inzwischen auf der Roten Liste und ist weder in der Natur noch auf dem Gemüsebeet besonders häufig anzutreffen.

Guter Heinrich in voller Blüte

Dabei hat der Gute Heinrich einen Platz im Garten absolut verdient. Die frisch ausgetriebenen Blätter sind im Frühling eines der ersten Gemüse und können wie Spinat zubereitet werden. Die jungen Triebe können mithilfe eines übergestülpten *forcer* oder Kübels gebleicht und schließlich wie Spargel zubereitet werden. In England ist dies ein beliebtes lokales Gericht mit dem Namen »Lincolnshire asparagus«.

Die ährigen Blütenstände lassen sich wie Brokkoli dünsten oder in Bierteig ausbacken. Sogar die zahlreichen Samen kann man rösten, mahlen und dem gewöhnlichen Mehl beimengen. Jeder Teil der Pflanze kann auf irgendeine Art genutzt werden. Und wegen seines hohen Gehaltes an Mineralstoffen und Vitaminen könnte er ebenso gut »Gesunder Heinrich« heißen.

Guter Heinrich, der von den Franzosen Bon Henri, bei den Briten gar Good King Henry genannt wird, wächst je nach Standort 60–80 cm hoch und hat dreieckige, auf der Unterseite mehlig bestäubte Blätter, die den »Spinat« liefern. Da Samen relativ schwer erhältlich sind und zwei bis drei Pflanzen im Garten völlig ausreichen, ist es am einfachsten, sich die Stauden in gut sortierten Staudengärtnereien zu besorgen – oder Teilpflanzen von erfahrenen Gute-Heinrich-Besitzern zu erbitten. Die Teilstücke wachsen bei gleichmäßiger Bodenfeuchte gut an und liefern bald eine erste Ernte.

Mehr Pflege als ab und zu etwas Dünger und ausreichende Wassergaben benötigt der Gute Heinrich nicht. Das ganze Jahr über können laufend Blätter als Spinatgemüse gepflückt werden. Sie wachsen zuverlässig nach.

Ein Baum von einem Spinat

Baumspinat *(Chenopodium giganteum)*
Synonym: Riesen-Gänsefuß

Baumspinat? Tatsächlich messen gut entwickelte Exemplare dieses ungewöhnlichen Gänsefußgewächses an die drei Meter. Der Gemüseriese stammt ursprünglich aus Südostasien, ist heute aber auf der ganzen Welt zu Hause. Wo er wie lange schon verwendet wird, weiß niemand so genau. Fest steht, dass der Baumspinat seit je eine typische »Spinatpflanze« ist. Seine Kultur gelingt selbst ohne grünen Daumen, und hat man ihn einmal im Garten, bleibt er für immer. Aber keine Sorge, er wird nicht lästig, er ist nur ein Gänsefuß, keine Quecke.

»Magentaspreen« – unter diesem Namen ist das Saatgut der einjährigen Pflanze im Handel erhältlich. Die jungen, leicht bemehlten Blätter sind wirklich magentafarben. Im Alter oder bei schlechtem Stand verliert sich die Farbe allerdings, ebenso beim Kochen.

Ausgesät wird im April/Mai, breitwürfig oder in einem Reihenabstand von 40 cm, am besten in humosen, nährstoffreichen Boden. Die pinkfarbenen Pflänzchen sind bald zu sehen und wachsen rasch. Sobald sie etwa 20 cm hoch sind, können sie komplett geerntet werden. Eine andere Möglichkeit: nur die feinen Triebspitzen ausknipsen, damit sich die restliche Pflanze verzweigt. Auf diese Weise erhält man vieltriebige Pflanzen, die immer neues zartes Grün oder besser »Pink« treiben, mit dem sich Salate aufpeppen lassen.

Zum Kochen können auch die etwas größeren, älteren Blätter verwendet werden. Kommt man mit der Ernte nicht nach, erreicht die Pflanze bald eine stattliche Größe, blüht und setzt Samen an. Will man vermeiden, dass sich die Pflanze selbst aussät, muss der hübsche Samenstand geopfert werden.

Zier- und Nutzpflanze zugleich: Baumspinat

Knöterich mit Küchenambition

Ausdauernder Baumspinat *(Fagopyrum cymosum)*
Synonym: Stauden-Buchweizen,
Wilder Buchweizen, Ewiger Spinat

Einmal pflanzen – immer ernten! Der Traum eines jeden faulen Gärtners. Wer so eine Pflanze sucht, könnte im Ausdauernden Baumspinat eine echte Entdeckung machen.

Obwohl er sich optisch und botanisch an den Buchweizen *(Fagopyrum esculentum)* anlehnt, handelt es sich bei

Fagopyrum cymosum nicht um ein einjähriges Pseudogetreide, sondern um eine kräftige, mehrjährige Staude aus der Familie der Knöterichgewächse *(Polygonaceae)*. Und ja, der Name trügt: Mit dem »klassischen« Spinat ist er nämlich nicht verwandt. Aber er ist ein typisches Spinatgemüse, denn die jungen Blätter sind eine echte Delikatesse. Ihr Geschmack erinnert an Sauerampfer mit einem Hauch Nussigkeit – fein geschnitten in Salaten, gedünstet wie Spinat oder als Füllung in Teigtaschen machen sie eine gute Figur. Wichtig: Am besten vor der Blüte ernten, denn danach werden die Blätter leicht herb.

Ausdauernder Baumspinat

Von Mai bis Oktober zeigt sich der Ausdauernde Baumspinat in voller Pracht: Er wird locker über zwei Meter hoch, seine rötlich überlaufenen Stängel tragen sattgrüne, lanzettliche Blätter mit feiner Textur. In luftigen Rispen erscheinen unzählige kleine, cremeweiße bis zartrosa Blüten, die von Insekten aller Art mit Begeisterung angeflogen werden. *Fagopyrum cymosum* gedeiht am besten in halbschattigen bis sonnigen Lagen mit humosem, durchlässigem Boden. Einmal etabliert, braucht er kaum Pflege. Trockenphasen übersteht er problemlos und selbst Schnecken machen meist einen Bogen um ihn. Für naturnahe Gärten, essbare Staudenbeete und Permakultur-Systeme ist er ideal – robust, pflegeleicht und nützlich.

Ab Herbst zieht er sich komplett zurück – die oberirdischen Teile welken, doch in seinem kräftigen Rhizom sammelt sich stille Kraft für das kommende Jahr.

Die Vermehrung gelingt am besten durch Teilung der Rhizome, und wer ihn im Garten hat, wird ihn nicht so schnell wieder los. Aber wer will das schon?

Noch fristet der Ausdauernde Baumspinat ein Schattendasein unter den Spinatgemüsen. Doch sein Potenzial ist riesig: essbar, gesund, bienenfreundlich, ästhetisch – eine rundum stimmige Pflanze, die auch in Zeiten des Klimawandels mit Wuchsfreude und Anpassungsfähigkeit überzeugt.

Melde-Pflicht im Gemüsebeet

Gartenmelde *(Atriplex hortensis)*
Synonyme: Bergspinat, Spanischer Spinat, Schießmelde

Wie die meisten Spinatgemüse ist auch die Melde ein Mitglied der Familie der Gänsefußgewächse *(Chenopodiaceae)*. Es gibt Hunderte Meldearten, viele kennt man als lästige Unkräuter. Die Gartenform mit ihren charakteristischen dreieckigen Blättern wurde zu ihren Glanzzeiten sowohl zum Verzehr als auch zu Heilzwecken in den Gärten angebaut. In der »Capitulare« Karls des Großen und auch bei Hildegard von Bingen wird sie erwähnt. Ursprünglich brachten die Römer das Kraut nach Deutschland.

Zwar konnte sich die Melde mancherorts durch kontinuierliche Selbstaussaat erhalten, aber im Großen und

Rot und zart: Meldensämlinge

Typisch Melde: »bemehlte« Jungtriebe

Blattschönheit 'Vollrot'

Unverkennbar: eine blühende Melde

Ganzen wurde sie vom Echten Spinat verdrängt. Und das, obwohl sie wegen ihres geringen Oxalsäuregehalts vielen Menschen besser schmeckt. Aus der Küche, aus dem Garten, aus dem Sinn. Erst rotblättrige Formen haben sie als Zierpflanze in die Beete zurückgebracht. Farbe im Garten, die man essen kann – Doppelnutzen vom Feinsten. Inzwischen führen Samenhändler gelbe Melde, grüne Melde und rote Melde. Sogar rot gestreifte Melde oder dunkelviolette Melde findet sich in manchen Katalogen.

Sobald der Boden offen ist, wird gesät: breitwürfig oder in Reihen, wegen der leichteren Pflege und Ernte. Die Melde gedeiht problemlos auf jedem Gartenboden und liefert bereits nach sechs bis acht Wochen zartes junges Grün oder Rot für Mischsalate oder Mischspinate. Wichtig ist eine gleichmäßige Wasserversorgung. Stehen die Pflanzen zu trocken, werden die Blätter nicht weich und fleischig zart, sondern hart und ungenießbar.

Monatliche Folgesaaten sorgen für eine durchgehende Ernte über den ganzen Sommer. Lässt man ein paar Pflanzen unbeerntet, bereichern sie das Gemüsebeet mit ihrer schönen Blattstruktur und je nach Sorte mit wunderschönen Farben. Die Melde weist eine botanische Besonderheit auf, die Heterokarpie. Das bedeutet, es kommen zweierlei Samen an einer Pflanze vor: große gelbliche und kleine schwarze. Die gelblichen Samen sind sofort keimfähig, die schwarzen oft erst nach zwei Jahren. Ein ausgefuchstes System zur Arterhaltung hat sich die Natur hier einfallen lassen.

Lässt man also die Melde im Garten frei absamen, so wird man sich in Zukunft nicht mehr um die Nachzucht kümmern müssen. Zwischen Blumen und Kräutern, auf dem Kompost, im Frühbeet – überall wird man sie ernten können, doch lästig wird sie im Garten trotzdem nicht.

Auf Gemüsemärkten sucht man die Melde vergeblich. Zu zart ist das Blatt für Transport und Lagerung. Es welkt sehr schnell und wird unansehnlich. Ein Gemüse, das dem Hobbygärtner vorbehalten ist.

Melde-Omelett

ZUTATEN

100 g Kartoffeln
80 g junge Meldeblätter
2 TL Öl
2 Eier
Salz
Pfeffer

ZUBEREITUNG

- Kartoffeln kochen, schälen und in dünne Scheiben schneiden.
- Melde waschen, trocken schütteln und verlesen.
- Öl in einer beschichteten Pfanne erhitzen, Kartoffeln darin anbraten.
- Eier verquirlen, mit Salz und Pfeffer würzen und über die Kartoffeln gießen.
- Die Meldeblätter darüberstreuen, bei mittlerer Hitze rund zehn Minuten stocken lassen.

Amarant – unvergänglich, unvergleichlich

Blattamarant *(Amaranthus tricolor)*, Gemüseamarant *(Amaranthus lividus, Syn. Amaranthus blitum)*
Synonyme: Blitum, Meier, Chinesischer Spinat, Roter Heinrich

Die langen roten oder grünen Blütentroddeln dieses Fuchsschwanzgewächses *(Amaranthaceae)* kennen die meisten als herbstlichen Schmuck der Bauerngärten. Dass ein anderer Vertreter dieser Pflanzenfamilie eine uralte Gemüsepflanze ist, wissen nur wenige. Wenn hierzulande Chinesischer Spinat, Thailändischer Spinat oder gar Karibischer Spinat angeboten werden, handelt es sich nicht um irgendein neuartiges, exotisches Gewächs, sondern um Blattamarant *(Amaranthus tricolor)* oder Gemüseamarant *(Amaranthus lividus,* Syn. *Amaranthus blitum),* die schon vor Jahrhunderten in unseren Breiten als »Spinatpflanzen« weitverbreitet waren, wie archäobotanische Funde belegen. Als »blitum« wird Amarant in Kräuterbüchern erwähnt und wurde sowohl als Heil- wie auch als Gemüsepflanze genutzt.

Wie Mais ist Amarant eine sogenannte C4-Pflanze. Deren Fotosynthese läuft etwas anders ab als die anderer Pflanzen. Sie stellen wahre Solarkraftwerke dar und kommen mit Klimaverhältnissen wie extremer Hitze, Trockenheit und intensiver Sonneneinstrahlung optimal zurecht. Gleichzeitig sind sie aber im Jugendstadium extrem frostempfindlich, sodass eine Aussaat keinesfalls zu früh erfolgen sollte.

Nach den Eisheiligen breitwürfig ins Freiland gesät und eventuell mit Vlies bedeckt, entwickeln sich die Pflanzen bei gleichmäßiger Wasserversorgung sehr rasch und sollten schon bald auf etwa 30 cm Abstand ausgedünnt werden. Im Gegensatz zu Spinat hat Amarant kein Rosettenstadium, sondern wächst sofort in die Höhe. Ganz im Sinne der modernen »Cut and come again«-Kultur können die Triebspitzen während des Sommers stetig geerntet werden, es wächst immer frisches Grün nach.

Gegessen werden die jungen Triebspitzen oder Blätter meist gedünstet, wobei sich die leicht raue Blattoberfläche verliert. Im Geschmack ähneln Gemüse- und Blattamarant dem Spinat, übertreffen diesen aber in ihrem Gehalt an Nährstoffen und Vitaminen bei Weitem.

Lässt man einige Pflanzen absamen, braucht man sich um Jungpflanzen im nächsten Jahr in der Regel nicht zu kümmern. Kommt daher etwa der Name »Amaranthos«? Das griechische Wort bedeutet nämlich »unvergänglich«. Sehr frühe Keimlinge deckt man mit Vlies ab, stülpt Glasglocken darüber oder pflanzt sie in Töpfe, die an einem geschützten Ort aufgestellt werden.

Bekannter als Gemüse- und Blattamarant ist **Körneramarant** oder **Inkaweizen** *(Amaranthus cruentus),* der in den vergangenen Jahren vor allem als Pseudo-Getreide im Zuge der glutenfreien Vollwerternährung bekannt geworden ist. Da den Amarantkörnern das Klebereiweiß Gliadin fehlt, werden sie für Müslis, Flakes, Kekse, Bratlinge, Aufläufe, ja sogar als Popcorn-Ersatz in der glutenfreien Ernährung verwendet.

Amarant neigt zu Selbstaussaat.

Im eigenen Garten sollte man den Anbau von Pop-Amarant durchaus einmal ausprobieren. Die Pflanzen sind völlig unkompliziert und das Poppen der Samen ist vor allem für Kinder ein toller Spaß.

Vom anderen Ende der Welt

Neuseeländer Spinat
(Tetragonia tetragonioides)

Wie der Name verrät, stammt der Neuseeländer Spinat aus Neuseeland. Aber auch an den Küsten Australiens, Tasmaniens und Japans kommt das Mittagsblumengewächs *(Aizoaceae)* wild vor. In Zeiten, als Spinat noch nicht küchenfertig im Tiefkühlregal lag, war der Neuseeländer Spinat als alternative Spinatpflanze sehr geschätzt. Denn im Gegensatz zu echtem Spinat schosst er bei warmen Temperaturen nicht und liefert somit vom Frühsommer bis Herbst essbare Blätter.

Saftige Triebspitzen: Neuseeländer Spinat

Bei der Aussaat im Frühjahr ist zu beachten, dass die großen hartschaligen Samen der einjährigen und frostempfindlichen Pflanze sehr langsam keimen. So ist von einer Direktsaat abzuraten, da zu viel Zeit vergehen würde bis zur ersten Ernte. Am besten sät man Anfang April vier bis fünf vorgequollene Samen in Töpfe mit etwa 7 cm Durchmesser und stellt sie ans warme Fenster. Bis zur Keimung können vier Wochen vergehen, außerdem wachsen die kleinen Pflänzchen sehr langsam. Dennoch kappt man möglichst bald die Triebspitzen, um eine gute Verzweigung zu erreichen.

Nach den Eisheiligen kann ausgepflanzt werden. Der Platzbedarf ist dabei nicht zu unterschätzen. Zwar sieht das Neuseeländer-Spinat-Pflänzchen oft noch sehr mickrig aus, aber auf humosem Boden, an einem sonnigen Ort und bei guter Wasser- und Nährstoffversorgung wird es sich zu einer imposanten Pflanze entwickeln, die etwa einen Quadratmeter Erde bedeckt. Wegen seines flachen, bodendeckenden Wuchses eignet sich Neuseeländer Spinat gut als Unterpflanzung, etwa von Tomaten.

Um eine schmackhafte, andauernde und reiche Ernte zu sichern, müssen die Pflanzen regelmäßig beerntet werden. Nur so wachsen ständig neue Triebspitzen, die weich und fein schmecken. Sowohl roh als Salat als auch wie Spinat zubereitet, sind die dreieckigen fleischigen Blätter eine köstliche Alternative zur Tiefkühlware. Sogar als Kübelpflanze gedeiht Neuseeländer Spinat und ermöglicht somit die Spinaternte auf dem Balkon.

Vom Spinat der Schönste

Echter Erdbeerspinat *(Blitum virgatum,*
Syn. *Chenopodium foliosum)*

Nein, der Erdbeerspinat ist keine neumodische Züchtung oder gar ein Gattungsbastard nach Genmanipulation. Er ist eine uralte Kulturpflanze mit erdbeerähnlichen Früchten und spinatähnlichen Blättern. Beides wusste man schon früh optimal zu nutzen. Die Blätter aß man und mit den hübschen Trieben schmückte man die Tafeln, wie Abbildungen von höfischen Banketten beweisen.

Spinatähnliche Blätter, reif zum Ernten

Zwei verschiedene Arten dieses einjährigen Gänsefußgewächses *(Chenopodiaceae)* sind unter der Bezeichnung »Erdbeerspinat« bekannt. Der Kopfige Erdbeerspinat *(Blitum capitatum,* Syn. *Chenopodium capitatum),* dessen Heimat Nordamerika ist, bildet seine roten,

Rote Scheinbeeren verführen zum Naschen.

kugeligen Früchte an unbeblätterten Trieben endständig aus. Der Echte Erdbeerspinat *(Bitum virgatum,* Syn. *Chenopodium foliosum)* hingegen ist in Europa zu Hause und an seinen beblätterten Sprossen samt »Erdbeeren« zu erkennen. Attraktiv und essbar sind beide und leicht zu ziehen sind sie obendrein.

»Ziergemüse« par excellence

Gesät wird ab März in Reihen in gute, humose Gartenerde (evtl. unter Vlies). Je nach Witterung kann nach sechs bis acht Wochen das erste junge Blattgrün geerntet werden. Schont man dabei das Herz der Pflanze, treibt diese neu durch und liefert weiterhin köstlichen Spinat. Etwa im August reifen an den Trieben die roten »Scheinerdbeeren«. Der Ästhetik zuliebe stellen die meisten Gärtner nun die Ernte ein. Denn die Beeren, die ein bisschen an rote Maulbeeren erinnern, sehen einfach zu schön aus. Geschmacklich sind sie leider eine Enttäuschung, aber auf dem Teller(rand) ein echter Hingucker.

Möchte man etwas ganz Besonderes auf den Balkon pflanzen, empfiehlt sich Erdbeerspinat im Kasten. Über Monate hinweg besticht er durch sein Aussehen und spendiert obendrein gesundes Grün.

INTERESSANTE ALTE SPINATGEMÜSESORTEN

Mangold

'Feurio' (Sativa)	durch leuchtend rote Stiele sehr attraktiv im Garten und in der Küche; in der Kultur wie andere Krautstielsorten
'Gelber Lyoner' (Arche Noah)	50 cm hoch. Blatt glatt, gelbgrün, Stiele weißlich gelb, dünn; zartes, dünnfleischiges Blatt
'Hunsrücker Schnitt' (VEN e. V.)	Schnittmangold aus Laufersweiler/Hunsrück; die Sorte ist völlig winterhart, auch im rauen Klima; traditionell werden die überwinterten Pflanzen am Gründonnerstag zum letzten Mal beerntet und dann gerodet
'Lucullus' (Sativa)	gelblich hellgrüne Blätter, schmale Blattstiele
'Rhubarb Chard' (Dreschflegel)	leuchtend rote, schmale Blattstiele mit rot-grünen Blättern

Melde

'Gelbe Lacherez' (ProSpecieRara)	Gartenmelde mit gelben Blättern; hoher Zierwert
'Ramersbacher Grüne' (VEN e. V.)	dunkelgrünes Blatt; aus dem Gemüsesortenprojekt Rheinland (Pfalz)
'Rot-gestreifte' (VEN e. V.)	Blatt grau-grün, rötlich überlaufen, an Stängeln rot gestreift, im Wuchs weniger hoch als andere Gartenmelden, Blätter liefern Spinat; junge Blätter können auch roh gegessen werden
'Rote Lebeda' (ProSpecieRara)	Diese Sorte wurde in Südböhmen entdeckt; hat intensiv rot gefärbte Blätter; blüht später als andere Sorten
'Violette Richterswil' (ProSpecieRara)	Sehr schöne violette Gartenmelde; im Frühling als Setzling ist sie noch grünlich gescheckt wird im Sommer mit zunehmendem Sonnenlicht schön violett

Amarant

'Alegria' (grüner Tiger)	cremefarbene bis rote Rispen mit hellgelben Körnern, die für die mexikanische Nationalspeise »Alegria« verwendet werden; das Amarant wird in einer heißen Pfanne ohne Zugabe von Öl etc. gepoppt und mit Melasse vermengt; die Pflanzen werden zwischen 1,2 m und 2,5 m hoch, je nach klimatischen Verhältnissen und Wasserzufuhr
'Kahulu' (grüner Tiger)	man verwendet bei dieser bis 2 m hohen Pflanze die violett geäderten Blätter wie Spinat; passt sich gut den Gegebenheiten an
'Roter Meier' (Arche Noah)	dunkelrote Blätter; auf gut gedüngtem Boden viel Blattwerk; wegen seiner Zartheit nicht sehr ertragreich; geschmacklich sehr mild; etwa 50 cm hoch; sät sich selbst aus

Typischer Blattmangold: 'Lucullus'

Rot-grüne Blätter, rote Stiele: 'Rhubarb Chard'

Blütenzierde im Gemüsebeet: Amarant 'Alegria'

Samenstand der Roten Melde

Tomaten avancierten zum Lieblingsgemüse der Deutschen. Doch lange Zeit wurden sie nur als Zierpflanzen angebaut – verständlich, wenn man ihre attraktiven Früchte betrachtet.

Fruchtgemüse

Mit dem Begriff »Fruchtgemüse« tut man sich etwas schwer. Je nachdem, ob man ihn aus der Sicht der Botanik, der Warenkunde oder gar der Umgangssprache betrachtet, versteht man darunter etwas anderes. Eine rundum stimmige Definition für Fruchtgemüse gibt es nicht. Aber in jedem Fall werden bei ihnen diejenigen Pflanzenteile geerntet und verzehrt, die sich aus den befruchteten Blüten entwickeln.

Gurke *(Cucumis sativus)*, Paprika *(Capsicum annuum)*, Tomate *(Solanum lycopersicum)*, Zucchini *(Cucurbita pepo* subsp. *pepo* convar. *giromontiia)*, Kürbis *(Cucurbita* spec.*)* und Zuckermelone *(Cucumis melo)* gehören dazu, aber auch Aubergine *(Solanum melongena)*, Andenbeere *(Physalis peruviana)*, Okra *(Abelmoschus esculentus)* und der Zuckermais *(Zea mays* convar. *saccharata)*.

Bohnen sind ebenfalls Pflanzenfrüchte, die aus befruchteten Blüten hervorgehen, und zählen somit zum Fruchtgemüse. Man findet sie und die anderen Hülsenfrüchte im Gemüseanbau aber stets in einer eigenständigen Rubrik.

Beim Fruchtgemüse handelt es sich vor allem um Vertreter der Nachtschattengewächse *(Solanaceae)* und der Kürbisgewächse *(Cucurbitaceae)* und die brauchen vor allem eines: viel Wärme. Denn alle diese Pflanzen stammen aus subtropischen und tropischen Klimazonen der Erde, die meisten aus Südamerika, einige aus dem Mittelmeerraum.

Ein warmer, geschützter Standort und regelmäßige Wassergaben sind die Voraussetzungen dafür, dass reichlich schmackhafte und gesunde Früchte reifen. Die besten Erfolge sind beim Anbau im Gewächshaus oder unter Vlies/Folie zu erzielen. Hat man keines von beiden zur Verfügung, greift man möglichst auf gute Freilandsorten zurück und hofft auf einen langen, warmen Sommer.

Paradiesische Vielfalt

Tomate *(Solanum lycopersicum)*
Synonyme: Paradeiser, Paradiesapfel, Goldapfel

»Erst der Krieg 1914/18 hat bei uns die Tomate allgemeiner Schätzung zugeführt und sie zu einem Volksnahrungsmittel gemacht, das – und dies will sehr viel sagen – sich heute sogar den einfachen Bauerngarten erobert hat und bis zum letzten Einödhof vorgedrungen ist« (aus: Becker-Dillingen: Handbuch des gesamten Gemüsebaus, 1956). Wenn das kein Siegeszug ist. Im Jahr 2001 war die Tomate Gemüse des Jahres, sie ist das beliebteste Gemüse schlechthin und wegen ihres Formen- und Farbenreichtums wurde sie zum Symbol für Sortenvielfalt.

Die Tomatenwelt hat einiges zu bieten: Salattomaten, Eiertomaten, Fleischtomaten, Cocktailtomaten, Fülltomaten, Saucentomaten oder Dörrtomaten. Ihre Früchte sind rot, gelb, gestreift, grünbraun, rund, eiförmig, herzförmig, gerippt oder abgeflacht. Sie sind saftig, mehlig, weich oder schnittfest, wiegen mal 5, mal 500 Gramm. Ihre Schale ist dick, dünn oder gar behaart, sie schmecken eher süß, säuerlich, fruchtig, intensiv aromatisch, berauschend … oder manchmal auch nach nichts. Fast alles ist möglich. Weltweit gibt es ca. 10 000 Tomatensorten. Vielfalt ohne Ende ist Wirklichkeit – doch nur für den, der sie selbst anbaut oder einen sehr gut sortierten Gemüsemarkt kennt. Die gängige Handelsware ist meist rot, rund und weitgehend geschmacksfrei.

Die Heimat der Tomate liegt in Mittel- und Südamerika, wo nach wie vor viele Wildformen wachsen. Nach Europa kam sie aber bereits als Kulturform, denn Azteken und Inkas bauten sie schon seit mehr als 2000

Jahren als Nahrungs- und Heilpflanze an – lange bevor die Europäer in die Neue Welt kamen, die Frucht dort entdeckten und Anfang des 16. Jahrhunderts in ihre Heimat brachten. Über Spanien, Frankreich und Italien gelangte die von den Azteken »Xitomatl« genannte Frucht nach Deutschland, wurde aber aufgrund ihres ungewöhnlichen Aussehens und merkwürdigen Geschmacks, vor allem aber wegen ihrer Zugehörigkeit zu den Nachtschattengewächsen *(Solanaceae)* erst einmal abgelehnt. Was mit Stechapfel und Tollkirsche verwandt ist, kann nichts Vernünftiges sein und schon gar nicht als Nahrung dienen.

Goldene Äpfel

Lange Zeit wurde die Tomate als Zierpflanze kultiviert und als »Paradiesapfel« bezeichnet, glaubte man doch, die Frucht des Garten Edens vor sich zu haben. »Paradeiser« sagen die Österreicher heute noch zu ihr und es gibt wohl keinen treffenderen Namen für dieses köstliche Gemüse. Der ihr von Botanikern verliehene Gattungsname »Lycopersicon« bedeutet Wolfspfirsich, der Artname »esculentum« weist darauf hin, dass sie durchaus essbar ist. Die Italiener, die die Tomate als erste Europäer kommerziell anbauten, tauften sie »Pomi d'oro« (Goldäpfel), da die ersten Sorten vermutlich gelb waren. Noch heute heißen Tomaten in Italien »pomodori« und gelten europaweit als typisch italienisch.

'Lukullus' heißt die wahrscheinlich älteste deutsche Tomatensorte. Sie hat Anfang des 20. Jahrhunderts – zu einer Zeit, als Tomaten noch kaum verbreitet waren – dafür gesorgt, dass die Früchte als Gemüse bekannt und beliebt wurden. »Saat bis erste Ernte 150–190 Tage ... locker gebaut, ziemlich kräftig und fest ... Frucht hochrund bis rund, mittelgroß ... keinerlei Riefung ... leuchtend rot ohne Flammung ... Fruchtfleisch mittelstark, fest ... Platzfestigkeit gut ... geeignet für Massenanbau im Freiland und für Unterglaskulturen ... auch für Haus und Kleingarten« (aus: Becker-Dillingen: Handbuch des gesamten Gemüseanbaus, 1956). All diese Eigenschaften treffen auf 'Lukullus' zu und damit ist sie eine der alten Sorten, die es wert sind, im Hausgarten ausprobiert zu werden – so, wie viele andere alte Sorten, die in Österreich, Ungarn, Tschechien, der Schweiz, Russland und in Nordamerika aus unterschiedlichsten Gründen überlebt haben.

Mal gab es kein Saatgut zu kaufen, sodass Gärtner auf die eigene Samenernte angewiesen waren, mal war es üblich, der Tochter bei der Heirat Saatgut aus Mutters Garten als Mitgift mitzugeben. Außerdem nahmen Auswanderer heimisches Saatgut im Reisegepäck mit, um in der Fremde vertraute Früchte ernten zu können. Nach Aussehen, Geschmack, Krankheitsanfälligkeit und Anbaueignung ausgelesen und immer wieder nachgebaut, retteten sich diese Sorten bis in die Gegenwart und sind sowohl Kulturgut aus vergangenen Tagen als auch lebendiges Genmaterial für die Pflanzenzüchtung der Zukunft: ein Schatz, den es zu bewahren gilt.

Beschäftigt man sich mit alten Tomatensorten, begegnet man immer wieder dem englischen Begriff »heirloom tomatoes«, den man grob mit »Erbstücktomaten« übersetzen kann. Gemeint sind damit jene Sorten, die von Generation zu Generation weitergegeben wurden. Sie sind samenecht, wurden nach bestimmten Kriterien selektiert und meist ranken sich auch kleine Geschichten um sie. Eine davon lautet so: Die großfruchtige, gelb-orange Sorte 'Schellenberg's Favorit' stammt von einer gleichnamigen Familie aus der Nähe von Mannheim und soll in den Nachkriegsjahren mit einem GI in die USA gelangt sein (nach: www.tomatengeschichte.de).

Genau diese Geschichten sind es, die die alten Tomaten so interessant machen. Der »Tomatenkaiser« aus Österreich, Erich Stekovics, meint sogar: »Die neuen alten Tomaten aus den Ursorten brauchen kuriose Geschichten, um gegen die Übermacht der billigen Hybridtomaten aus dem Supermarkt bestehen zu können« (aus: Rot für die Welt, Lars Reichardt). Und er leistet gleich seinen eigenen Beitrag dazu mit der Geschichte von der tief gefurchten 'Russischen

Behaarte Schönheit 'Fuzzy Wuzzy'

'Berner Rose': aromatisch und gesund

'Brandywine Pink':
alte Sorte aus den USA

Gerippt, geschmackvoll, geschätzt: 'Ochsenherz'

Reisetomate'. Die Frucht soll früher als Reiseproviant in der Transsibirischen Eisenbahn gedient haben – die Passagiere konnten sich immer wieder eine Tomatenzehe herunterbrechen, ohne den Rest der Frucht zu beschädigen (nach: Rot für die Welt, Lars Reichardt). Die Macht der Mythen ist groß und trägt hoffentlich dazu bei, dass die paradiesische Tomatenvielfalt nicht verloren geht.

Als Kind der Tropen ist die Tomate außerordentlich wärmebedürftig. Das ist wohl das Wichtigste, was man für ihre Kultur wissen muss. Im Freiland ist der wärmste und sonnigste Platz gerade gut genug. Da Regen in unseren Breiten früher oder später unweigerlich zu der gefürchteten Kraut- und Braunfäule *(Phytophthora infestans)* führt, ist es für die meisten Sorten am besten, sie unter Glas oder Folie zu pflanzen. An einer sonnigen Hauswand mit Regenschutz von oben erreicht man mit die besten Ergebnisse, da gespeicherte Wärme von der Mauer nachts wieder abgegeben wird, die Pflanzen nie tropfnass werden, der Wind zu einem schnellen Abtrocknen führt und Freilandtomaten eben doch anders schmecken als verweichlichte Gewächshausfrüchte.

Da die Tomate gut mit sich selbst verträglich ist, kann sie jahrelang an derselben Stelle angebaut werden. Der Boden dort sollte tiefgründig, humos und gut durchlüftet sein, sich rasch erwärmen, über ausreichende Wasserhaltekapazität verfügen und nährstoffreich sein. Als ausgesprochenem Tiefwurzler gelingt es der Tomate jedoch, auch tiefe Bodenschichten zu erschließen, sodass eine gute Wasser- und Nährstoffversorgung längst nicht so aussichtslos ist, wie es sich zunächst anhört.

Klein, aber fein: 'Gelbe Johannisbeere', Cocktailtomate mit Wildtomatenaroma

Eine perfekte Tomatenjungpflanze ist kräftig und gedrungen, nicht lang und spindelig. Auf der Fensterbank ist das oft nur schwer hinzubekommen. Deshalb sät man möglichst im Gewächshaus aus oder kauft Jungpflanzen. In gut sortierten Gärtnereien, auf Gartenmärkten oder bei Tomaten-Freaks im Internet findet man mittlerweile ein riesiges Angebot an alten Sorten, oft sogar mit wertvollen Pflegehinweisen: in großem Abstand pflanzen, ausgeizen, mehrtriebig ziehen, eher wenig düngen, trocken halten, nachreifen lassen.
Jede Sorte bevorzugt etwas anderes und Tipps aus der eigenen Erfahrung sind Gold wert.

Ins Freiland dürfen die Jungpflanzen erst nach den Eisheiligen (Mitte Mai) umziehen. Spätfröste würden andernfalls starke Schäden verursachen. Die Pflanzenabstände richten sich nach dem Wuchs der jeweiligen Sorten. Ein Abstand von 60–80 cm ist aber in der Regel ausreichend. Bewährt hat sich auch im Hausgarten die Pflanzung in schwarze Mulchfolie. Der Boden erwärmt sich darunter leichter, trocknet nicht so schnell aus und Unkräuter haben keine Chance. Das Mulchen mit Stroh oder Grasschnitt erfüllt denselben Zweck.

Stabtomaten müssen mit zunehmender Größe an Pflöcken, Schnüren oder Spiralstäben aufgeleitet werden. Die in den Blattachseln wachsenden Seitentriebe sollten regelmäßig ausgebrochen werden (= ausgeizen), um ein optimales Wachstum, eine gute Belichtung der Früchte und ein zügiges Abtrocknen (Pilzgefahr!) sicherzustellen. Buschtomaten sind pflegeleichter. Sie müssen weder aufgeleitet noch ausgegeizt werden und eignen sich daher bestens für die Kultur in Töpfen und Kübeln.

Die weitere Pflege besteht darin, die heranwachsenden Pflanzen mit Wasser und Nährstoffen zu versorgen. Doch Vorsicht: Zu viel Wasser und Stickstoff gehen zu Lasten des Geschmacks. Sicher sollten die Tomaten nicht hungern, aber an überdüngten und durchtränkten Pflanzen reifen weiche, wässrige und fade Früchte.

Interessanter Sämling aus Teneriffa

Am besten schmeckt die Tomate frisch vom Strauch gepflückt: Manche Gärtner beschreiben diesen Genuss als Urlaub zum Naschen. Bestimmt wird der typische Sommer-in-Italien-Geschmack im Wesentlichen vom Zucker-Säure-Verhältnis, einigen Bitterstoffen und flüchtigen Bestandteilen. Unreife und überreife Früchte sind bekanntermaßen geschmacklich nicht im Geringsten befriedigend, ebenso zu kalt gelagerte Exemplare. Tomaten gehören also nicht in den Kühlschrank, sondern liegen am besten in einem luftigen Korb in einem unbeheizten Raum.

Eingemachte Tomaten

ZUTATEN

3 kg vollreife Eiertomaten ('San Marzano')

ZUBEREITUNG

(Für 4 Einmachgläser mit je 500 ml Inhalt)

- Die Tomaten waschen. In einem großen Topf Wasser aufkochen. Die Tomaten darin vier bis fünf Minuten ziehen lassen, mit einem Schaumlöffel herausheben, in ein großes Sieb legen und kurz abkühlen lassen.
- Die Tomaten häuten, die Stielansätze herausschneiden. Jede Tomate in die Hand nehmen und den Saft leicht ausdrücken.
- Basilikum nach Bedarf kalt abspülen, die Stängel zu Stücken mit je vier bis fünf Blättern auseinanderzupfen.
- Jedes Glas dicht mit Tomaten und etwas Basilikum dazwischen füllen, es dürfen keine Luftblasen entstehen. Die Glasränder mit einem sauberen Küchentuch abreiben. Die gesäuberten Deckel aufsetzen und zudrehen.
- Die Gläser in eine Bratreine setzen, sie dürfen sich nicht berühren. 3–4 cm hoch kaltes Wasser hineingießen.
- Die Reine auf die mittlere Schiene des Backofens schieben, auf 100 °C einheizen. Wenn diese Temperatur erreicht ist, den Backofen ausschalten, die Gläser stehen lassen, bis sie abgekühlt sind und auf diese Weise sterilisieren.

Eingemachte Tomaten – konservierter Sommer

Hängen im Herbst noch halbreife Früchte am Strauch, reifen diese relativ gut nach. Dazu lagert man die geernteten Rispen an einem dunklen, mittelwarmen (15–20 °C) Ort, eventuell zusammen mit Äpfeln, da diese das reifebeschleunigende Ethylengas abgeben. Aroma-Highlights kann man von solchen Nachzüglern sicher nicht erwarten, aber zum Kochen taugen die Früchte allemal.

Küchentipp

Eingemachte Tomaten sollten Sie an einem kühlen, dunklen Platz aufbewahren. Sie halten mindestens ein Jahr, bis zur nächsten Ernte, falls sie nicht vorher für einen guten Spaghetti-Sugo oder für ein anderes köstliches Gericht der mediterranen Küche verwendet wurden. Nach Geschmack kann man auch Basilikum oder andere Kräuter mit in die Gläser geben.

Die 'San-Marzano'-Tomate

»'San Marzano' ist die klassische italienische Saucentomate: länglich, sehr schnittfest, robust und starkwüchsig mit sämigen, leicht mehligen Früchten zur Vollreife; halbreif eignet sie sich als Salattomate; begrenzter Wuchs«. So wird die Tomatenlegende im Katalog von »Arche Noah« beschrieben.

'San Marzano' ist die einzige Tomate mit geschützter Herkunftsbezeichnung: Pomodoro San Marzano dell'Agro Sarnese Nocerino DOP. Sie stammt aus dem Ort San Marzano sul Sarno am Fuße des Vesuvs. Ihr genetisch bedingter herausragender Geschmack wird unterstützt durch die hohe Fruchtbarkeit der Vulkanerde, in der sie wächst, und durch das Meeresklima der neapolitanischen Küste. Der Geschmack frischer 'San Marzanos' ist überwältigend, doch so richtig zur Geltung kommt ihr wundervoll würziges Aroma erst als Sugo.

Die reifen, länglichen Früchte übertreffen selbst als Konserve ihre winterlichen Glashauskollegen mühelos. Deshalb erlebt diese rote Geschmacksbombe als Dosentomate einen ungeahnten Boom. Dass es sie überhaupt noch gibt, ist der Organisation »Slow Food« zu verdanken. Vor Jahren raffte eine Viruskrankheit die Bestände dahin und auch das Saatgut wäre fast verloren gewesen, wenn sich nicht »Slow Food« um die letzten Pflanzen bemüht hätte und zusammen mit italienischen Bauern der Region Kampanien die Vermehrung und den Anbau dieses Kulturerbes wieder aufgenommen hätte. Kein leichtes Projekt: 'San Marzano' ist zwar traditionsreich, aber pflegeintensiv – das Gegenteil von hochgezüchteten Longlife-Rispen-Tomaten, die im Handel fünf Wochen frisch aussehen.

'San Marzano' wächst in niedrigen Buschreihen. Da die vollreife Frucht für das Kraut zu schwer ist, muss jede Pflanze einzeln an einem Pflock befestigt werden. Die Tomaten reifen in Schüben und man erntet sie nach und nach, sieben- bis achtmal, Frucht für Frucht von Hand, von Juli bis September. Die Frauen der Region verarbeiten sie kistenweise für den Wintervorrat, vergeht doch kaum ein Tag ohne Pizza und Pasta, wozu diese eingemachten Tomaten benötigt werden. Ganze Früchte, im eigenen Saft in Gläser eingelegt, bewahren auch nach Monaten noch ihren Biss – konservierter Sommer.

Gelber Zentner & Co.

Kürbis *(Cucurbita maxima, Cucurbita pepo, Cucurbita moschata)*

König der Gärten wird er genannt, der Kürbis. Aber Kürbis ist nicht gleich Kürbis: Viele verschiedene Arten laufen unter diesem Namen.

Die wichtigsten Speisekürbisse sind die Pepo-Kürbisse, zu denen auch die Zucchini zählen, die Riesenkürbisse *(Cucurbita maxima)*, zu denen die bekannte Sorte 'Gelber Zentner' gehört, und die Moschuskürbisse *(Cucurbita moschata)*. Alle sind sie Mitglieder der Familie der Kürbisgewächse *(Cucurbitaceae)* und kommen ursprünglich aus Mittel- und Südamerika. Dort wurden sie von den Indianern als Göttergeschenk verehrt und seit Tausenden von Jahren zusammen mit Mais und Bohnen kultiviert.

Erst nach der Entdeckung Amerikas gelangte der Kürbis in die Alte Welt. Bis dahin kannte man in Europa nur den Flaschenkürbis *(Lagenaria siceraria)*. Doch bereits Leonhart Fuchs (1501–1566), der als Professor der Medizin in Ingolstadt und Tübingen tätig war, schreibt von einer »Türkischen Cucumer«. Allerdings bedeutete »Türkei« damals einfach »fernes Land«. Leonart Fuchs meinte mit ziemlicher Sicherheit den Speisekürbis *(Cucurbita maxima)*. Dieser hat im Laufe der Zeit die geschmacklich weniger befriedigenden Lagenarien verdrängt.

In der Renaissance und Barockzeit hatte der Kürbis seine Glanzzeit, verschwand danach aber allmählich wieder von den Tischen. Dies war wohl das Ergebnis eines Konfliktes zwischen der anspruchsvollen städtischen und der schlichten ländlichen Küche. Für diejenigen, die das wunderbare Wachstum dieser Frucht nicht mit eigenen Augen verfolgen konnten, wurde die Frucht zunehmend uninteressant. Sie wandten sich der Kartoffel zu, die ebenso vielseitig in ihrer Verwendung ist. Der Kürbis trat in den Hintergrund, er wurde fast vergessen. Zum Glück nur fast.

Durch Auslese und Züchtung hat sich bis heute eine Vielfalt von über 800 Sorten entwickelt. Entsprechend unübersichtlich und verwirrend ist die botanische Zuordnung. Für die Küche hat sich eine Einteilung der Speisekürbisse in Sommer- und Winterkürbisse bewährt, auch wenn es Ausnahmen gibt.

Sommerkürbisse, zu denen auch alle Zucchinisorten gezählt werden, wachsen schnell heran, haben eine weiche Schale, weiche Kerne und helles, festes Fruchtfleisch. Man erntet sie in der Regel jung (nach etwa 50 Tagen), also im unreifen Zustand, und verarbeitet sie sofort. Zu den Winterkürbissen gehören alle Sorten mit harter Schale, etwa 'Gelber Zentner' oder 'Buttercup'. Sie brauchen mehr Zeit und Wärme zum Wachsen und sollten vollständig ausreifen, 90–130 (150) Tage, damit sie lange lagerbar sind. Ihre Schale ist im reifen Zustand hart und dick, ihr Fruchtfleisch aber weich und zum Teil etwas faserig.

Lange Zeit galt Kürbis als plumpes, gewöhnliches Gemüse, gerade gut genug für den Speiseplan armer Leute. Sogar als Schweinefutter (Fackenkürbis) wurde er angebaut. Mittlerweile hat ein wahrer Kürbisboom eingesetzt. Man hat entdeckt, dass der Kürbis extrem kalorienarm ist – was früher eher ein Nachteil war –, gleichzeitig aber reich an Nährstoffen ist. Auch sein Geschmack wird zunehmend geschätzt, obwohl der, ebenso wie die Konsistenz, von Sorte zu Sorte sehr unterschiedlich ausfällt. Für jeden Verwendungszweck gibt es einen passenden Vertreter.

'Gelber Zentner' eignet sich hervorragend zum Herstellen von süßsaurem Kürbiskompott, 'Butternut' für Kürbismarmelade und der Hokkaidokürbis 'Uchiki Kuri' für fruchtige Kürbissuppen und -kuchen (der große Küchenbonus der kompakten, rot-orange leuchtenden Hokkaidokürbisse: Man kann sie samt ihrer Schale

Noch fünf Monate bis zur Ernte

König des Gartens: 'Rouge vif d'Etampes'

Reiche Ernte

Kürbisblüten für die Küche

kochen). Der Moschuskürbis 'Muscade de Provence' mit seinem süßen, aromatischen, relativ saftigen Fleisch eignet sich sogar als Rohkost. Experimentieren in der Küche ist angesagt. Eine wahre Leidenschaft kann sich daraus entwickeln.

Die Kultur von Kürbissen ist recht einfach. Was man braucht, ist: Platz. Je nach Art und Sorte, buschförmig oder rankend, kann eine einzige Pflanze mehrere Quadratmeter bedecken. Dies sollte bei der Pflanzung unbedingt berücksichtigt werden, um sich späteren Gartenfrust zu ersparen. Da Kürbisse äußerst frostempfindlich sind, aber je nach Sorte eine relativ lange Kulturdauer haben, hat sich eine Vorkultur bewährt. Mitte bis Ende April steckt man zwei bis drei Kürbiskerne in kleine Töpfe und stellt sie relativ warm (20–23 °C).

Ein besonderes Prachtexemplar

Es ist empfehlenswert, keine Samen aus eigenem Anbau im nächsten Jahr zur Neuaussaat zu verwenden. Da sich Kürbisse stark untereinander kreuzen, kann es dabei zu wunderlichen Überraschungen kommen. Haben obendrein Zierkürbisse ihre Gene mit im Spiel, kreuzen sich mitunter Bitterstoffe (Cucurbitacine) ein, die nicht nur unangenehm schmecken, sondern auch Übelkeit und Durchfall hervorrufen können.

Nach der Keimung sollten die Pflänzchen kühler (16–18 °C) und möglichst hell stehen, um ein Vergeilen (das Bilden langer dünner Triebe) zu verhindern. Bevor die Pflanzen nach den Eisheiligen ins Freie umsiedeln, härtet man sie möglichst ab, damit sie keinen Schock erleiden und zügig weiterwachsen: Dazu die Töpfe etwa eine Woche vor dem Auspflanzen tagsüber nach draußen an einen geschützten Ort stellen und nachts wieder ins Warme holen.

Mittelschwere Böden mit guter Struktur und hohem Humusgehalt bieten optimale Voraussetzungen. Ein sonniger Platz, genügend Wasser und reichlich Dünger (Könige wollen gut ernährt sein) dazu, dann kann nichts mehr schiefgehen. Den Pflanzen kann man regelrecht beim Wachsen zusehen und Pflegearbeiten sind so gut wie überflüssig. Bei Zucchini und Co. artet höchstens die Ernte in Stress aus. Ihre optimale Qualität haben Zucchini nämlich mit einer Länge von 12–15 cm. Früchte, die nicht bei dieser Größe geschnitten werden, rauben der Pflanze unnötig Kraft und gehen auf Kosten des neuen Fruchtansatzes. Hat die Pflanze einmal viel zu viele Früchte angesetzt, kann man sich an Zucchiniblüten probieren. Dazu erntet man die weiblichen Blüten mitsamt dem bereits angesetzten Fruchtknoten. Schon hat man die drohende Zucchinischwemme gebannt und ein köstliches Gericht mehr im Repertoire.

Selbstverständlich können auch die männlichen Blüten für die Küche gepflückt werden, aber nicht zu viele, denn ohne Bestäubung keine Fruchtbildung. Frittiert oder gefüllt und überbacken sind die Riesenblüten eine Delikatesse. In Italien gibt es sogar Sorten, die ausschließlich wegen ihrer Blüten angebaut werden – etwa 'Albarella di Sarzana' oder 'Zucchino da Fiori'. Zucchini und andere Pepo-Kürbisse können bis in den Herbst laufend jung und frisch geerntet werden.

Bei den Riesenkürbissen ist mehr Geduld gefragt. Ihre Früchte müssen gründlich ausreifen. Manche sind schon Ende August so weit, andere brauchen bis zum Herbst. Ihre Reife verraten sie am Stielansatz: Der sollte hart und trocken (holzig) sein. Außerdem lässt sich die Schale reifer Früchte nicht mehr mit dem Fingernagel eindrücken. Besser, man belässt bei der Ernte ein Stück Stiel am Kürbis, dann hält er im Lager länger. Vor den ersten Nachtfrösten müssen alle Riesenbeeren (ja, Kürbisse zählen botanisch tatsächlich zu den Beeren) geerntet sein, andernfalls werden sie matschig und ungenießbar.

Ausgereifte, gesunde und unbeschädigte Riesenkürbisse und viele Moschuskürbisse lassen sich sehr gut lagern – möglichst bei Temperaturen von 12–17 °C in einem trockenen und luftigen (Keller-)Raum. Unter diesen Bedingungen halten die Früchte bis zum nächsten Frühjahr.

Kürbissuppe, Kürbis gebraten, Kürbis im Ofen gebacken, pikante Kürbistorte, Kürbis-Gnocchi, Risotto mit Kürbis, Kürbisauflauf, Kürbisstrudel, Kürbiskuchen, Kürbis mariniert, Kürbispüree, Kürbissoufflé ... – viele der unzähligen Rezepte stammen aus Italien, wo der Kürbis in der Küche seit je einen viel höheren Stellenwert hat. Köche, die sich einmal an den Kürbis gewagt haben, erkennen meist schnell, welch Potenzial in ihm steckt, und beginnen eigene Gerichte zu kreieren.

Engelshaar-Konfitüre

»Cabell d'Angel« heißt diese Köstlichkeit in Frankreich und sie wird aus einer ganz besonderen Kürbisart hergestellt: dem **Feigenblattkürbis** *(Cucurbita ficifolia)*. Die Frucht erinnert stark an eine Wassermelone und seine Blätter sehen aus wie die des Feigenbaums. Der Feigenblattkürbis bildet sehr lange Ranken aus und eignet sich hervorragend zum Begrünen von Pergolen. Außerdem ist er sehr robust und seine Wurzeln sind resistent gegen verschiedene Bodenpilze. Deshalb dient er Gärtnern als Veredelungsunterlage für Gurken.

Zurück zur Frucht: Ihr Fruchtfleisch ist von einer ausgesprochen harten Schale umgeben. Um den Kürbis zu öffnen, lässt man ihn am besten auf den Boden fallen. Heraus kommen das faserige, saftige Fruchtfleisch in wachsigem Weiß und schwarze Kerne. Das Fleisch schmeckt recht süß und kann für Obstsalate oder auch Chutneys verwendet werden. Oder eben für köstliche Engelshaar-Konfitüre.

Ergibt köstliche Konfitüre: Feigenblattkürbis

Dazu entfernt man zunächst die Kerne aus dem Fruchtfleisch und schneidet dieses in Stücke. Anschließend vermengt man das Fleisch mit der gleichen Menge Zucker (oder Honig) und gibt je nach Vorliebe entweder Orangenschalen, weihnachtliche Gewürze (Zimt, Nelke, Kardamom etc.) oder aber etwas Rum dazu und lässt alles zugedeckt über Nacht durchziehen. Anderntags köchelt man die Masse etwa eine halbe Stunde unter ständigem Rühren ein. Dabei zerfällt das Fleisch in seine Fasern (Engelshaar!) und die Konfitüre wird dickflüssig. Noch heiß füllt man sie in Gläser, die man nach dem Schließen sofort auf den Kopf stellt, bis die Konfitüre erkaltet ist. Nach zwei bis drei Monaten »Reifezeit« schmeckt das »Engelshaar« himmlisch und eignet sich hervorragend zum Plätzchenfüllen.

Der Steirische Ölkürbis

Um einen ganz besonderen lokalen Vertreter der Gattung *Cucurbita* handelt es sich beim 'Steirischen Ölkürbis' (*Cucurbita pepo* subsp. *pepo* var. *styriaca*). Durch eine Mutation sind die Kerne dieser Sorte quasi nackt, haben also keine Schale. Nur ein dünnes Häutchen umgibt die Samen. Pflanzen mit dieser Eigenschaft wurden schon früh ausgelesen und gezielt angepflanzt. Es entstand eine Sorte, die eine ganze Region prägte. Die Steiermark ist bekannt für ihr »Schwarzes Gold«: das Öl aus diesen Kürbissamen. In den 1980er-Jahren begann der Siegeszug dieser Spezialität und das aromatische Öl darf sich heute zu Recht mit der geschützten geografischen Angabe schmücken: Steirisches Kürbiskernöl g.g.A. Die weiche Konsistenz der schalenlosen Kerne ermöglicht eine effiziente Pressung. Das Öl schimmert dunkelgrün und hat einen intensiven, nussigen Geschmack. Es kann vielseitig verwendet werden und gibt so manchem Gericht erst den letzten Schliff. Es verfeinert Kürbisgerichte, aber auch Süßspeisen und sogar Eiscreme bekommen durch Kürbiskernöl eine besondere Note. Nur erhitzen sollte man das Öl nicht. Das Aroma und die wertvollen Inhaltsstoffe würden stark darunter leiden. Um einen Liter dieses »Schwarzen Goldes« zu gewinnen, benötigt man etwa 35 Kürbisse, sodass die Bezeichnung wirklich gerechtfertigt ist. Der Rest der Beere bleibt ungenutzt oder dient als Schweinefutter. Durch eine kurze Röstung entwickeln die Kerne ein charakteristisches Aroma. Pur, leicht gesalzen oder zubereitet wie gebrannte Mandeln sind sie eine relativ gesunde Knabberei.

Gehaltvolle Samen: 'Steirischer Ölkürbis'

INTERESSANTE ALTE TOMATENSORTEN

Bei der Vielzahl von alten Tomatensorten, die existieren und mittlerweile auch gesammelt, getauscht und weiterverbreitet werden, ist es hilfreich, den Sortennamen in der Originalsprache beizubehalten. Erstens gibt er einen Hinweis auf die Herkunft der Sorte, zweitens führen mehr oder weniger gelungene Übersetzungen oft zu Verwechslungen oder täuschen fälschlicherweise eine »neue« Sorte vor.

Salattomaten

'Andenhorn' (VEN e. V.)	hängende, kurze Trauben von 2–5 Früchten; Früchte rot, länglich, spitz zulaufend, leicht gebogen; 40–120 g; feste Schale und viel Fleisch; leicht säuerlich; vollreif ist sie etwas mehlig; Bauerntomate aus den Anden
'Gelbe von Thun' (Sativa)	gelbe, runde kleinere Früchte; lockerer Wuchs; robust und anspruchslos; früh reifend; auch für höhere Regionen geeignet
'Goldene Königin' (VEN e. V.)	sehr alte deutsche Sorte; gelb bis gelborange; 30–90 g schwere Früchte mit zwei Kammern; rund, leicht eingebuchtet; wenig Säure, fruchtig, süßlich, mild, saftig; wenn sie reif ist, ist sie mehlig und gut für Saucen, sonst super im Salat; viele Früchte an kurzen Rispen; Ernte ab Juli
'Kremser Perle' (VEN e. V.)	Früchte rot, rund, mittelgroß, Durchmesser ca. 5 cm; saftig, mit fruchtigem, neutralem Geschmack; altbewährte Sorte aus Österreich; niedriger kompakter Wuchs (Höhe 1,20 m); eigentlich eine Buschtomate – als Stabtomate auch sehr guter Ertrag; Reife ab Ende August
'Lämpchen' (VEN e. V.)	robuste und gesunde gelbe Stabtomate; Früchte oval; vollkommen durchgefärbt; 60–80 g; ertragreich; mittelfrüh; pro Traube 5–7 Früchte; robust gegen Kraut- und Braunfäule
'Olomoucké nizke' (Arche Noah)	auf Deutsch: »Niedrige aus Olmütz«; begrenzter Wuchs bis 50 cm; rot, rund bis halbrund, mittelgroß; 3–4 Früchte pro Traube; guter Geschmack; frühe Sorte, Ertrag gut; alte tschechische Sorte
'Quedlinburger Frühe Liebe' (Arche Noah)	alte, bewährte Sorte; bis 1,30 m hoch; Ernte ab Ende Juni bis September; Früchte rot, rund, leicht konisch; Durchmesser ca. 4 cm; mittlerer Ertrag, 8–20 Früchte pro Traube; saftig, bissfest mit süßlich-aromatischem Geschmack; sehr druckfest; den Sommer über robust und gesund; für den Balkon geeignet
'Stupice' (Kokopelli)	etwa 1,20 m große, kartoffelblättrige Pflanze; 6–8 Früchte pro Traube, je ca. 60 g; saftige Früchte, intensiv im Geschmack mit einer Ausgewogenheit von Süße und Säure; reifen rot ab mit einem orangefarbenen Unterton; Tendenz zu Grünkragen zu Saisonende; sehr krankheitsresistent; begrenzt wachsend; stammt ursprünglich aus der Tschechoslowakei

INTERESSANTE ALTE TOMATENSORTEN

Fleischtomaten

'Berner Rose' (ProSpecieRara)	spät reifende, fleischige Tomate mit rosaroten (rot mit lila Touch) Früchten; rund bis plattrund; Durchmesser ca. 8 cm; 4–6 Früchte pro Traube, je ca. 200 g; Wuchshöhe 2 m; aromatischer Geschmack; kräftiger Wuchs; ertragreich
'Große Lisse' (Sativa)	sehr alte Sorte aus Frankreich; rote Tomate 5- bis 8-kammerig mit rotem vollem Fleisch; späte Sorte mit hervorragenden Tomaten; für alle Bodentypen geeignet; empfohlen für Salate
'Honigsüßer Erlöser' (Arche Noah)	1,60 m hoch; Früchte fast herzförmig, bis 600 g schwer; honiggelb, vollfleischig, saftig, sehr süß, fein aromatisch; Glashaus oder Freiland; sehr früh bis ganz spät reifend; diese Tomate wird in Russland bei Magen- und Darmproblemen gegessen (Lokalname)
'Ochsenherz' (ReinSaat)	italienischer Originalname: Cuore di bue; herzförmige, karmesinrote, großfruchtige Fleischtomate mit ausgezeichnetem Geschmack; sehr wüchsige, mittelspäte Stabtomate; Fruchtgewicht bis 500 g; für Gewächshaus und geschütztes Freiland; Liebhabersorte
'Red Brandywine' (ProSpecieRara)	alte amerikanische Sorte von den Amish; kartoffelblättrig mit großen roten, flachrunden und gefurchten Früchten mit ausgezeichnetem Geschmack; ertragreiche Sorte; vor Regen schützen
'Rouge de Marmande' (ProSpecieRara)	sehr alte Sorte, ursprünglich aus Frankreich; die Tomaten sind 8- bis 10-kammerig, rote Fleischtomaten mit deutlich gekerbtem Kragen
'Schlesische Himbeere' (ProSpecieRara)	historische Sorte aus Deutschland; eine sehr große wohlschmeckende, eher weiche Stabtomate; normalblättrig; himbeerrot, sehr saftig und extrem fleischig; plattrund und wenig gerippt

Cocktailtomaten

'Baselbieter Röteli' (Sativa)	längliche, kleine, hellrote Früchte, die sehr wohlschmeckend sind, aber relativ wenig Saft haben; starkwüchsige Pflanzen; etwas anfällig für Gelbkragen, deshalb Früchte gut ausreifen lassen
'Clementine' (Arche Noah)	weit ausladende und hochwüchsige Stabtomate; kirschgroße Frucht, kugelrund bis oval mit kleinem Spitz; goldgelb; wohlschmeckende Obst-, Nasch- und Dekortomate; sehr reich tragend
'Gelbe Johannisbeere' (ReinSaat)	bildet massenhaft sehr kleine gelbe Früchte an langen Rispen; süß schmeckend mit Wildtomatenaroma; stark verzweigter Wuchs; Ausgeizen nicht zweckmäßig
'Rote Murmel' (VEN e. V.)	Wildtomate; Früchte sehr klein bis klein; sehr aromatisch; mittelspät reifend; sehr gute Widerstandsfähigkeit gegen Braunfäule; freilandtauglich
'Schneewittchen' (Arche Noah)	Früchte kirschgroß; mittelfrüh; nicht platzanfällig; weiß mit rosa Schimmer; süß und saftig; mild; unbegrenzt wachsend
'Vesennij Mieurinskij' (Dreschflegel)	zuckersüß und hocharomatisch; rote, ca. 4 cm große Früchte, die an langen Blütenständen heranreifen; durch Trocknen und Einlegen in Öl wird das Aroma noch intensiviert

INTERESSANTE ALTE TOMATENSORTEN

Besondere Tomaten

'Best of All' (ProSpecieRara)	hundertjährige Sorte, produziert kleine Fleischtomaten, oft mit eingerissener Haut, auch im Tunnelanbau; große, kräftige, einfache Blütenstände; maximale Produktion im August; sehr gut im Geschmack
'De Berao' (Dreschflegel)	Baumtomate (nicht zu verwechseln mit dem Tomatenbaum *Cyphomandra*); diese alte, bis 4 m hohe Sorte bringt einen sehr reichen, allerdings späten Ertrag und ist auch im Freiland relativ krautfäuletolerant; sie hat lang-ovale, große, leicht mehlige Früchte; besonders geeignet zum Kochen, Einkochen, für Ketchup und Tomatensaucen
'Ficarazzi' (Dreschflegel)	1907–1920 bei Samen Mauser angeboten; erstmals in der Schweiz jedoch bei »Sœut Chevandier« um 1861; Früchte rot, mittelgroß, flach, stark gekerbte Frühsorte; Pflanzen schwachwüchsig; geschmacklich eine der besten Frühsorten
'Fuzzy Wuzzy' (ReinSaat)	Buschtomate; ungewöhnliche, graugrüne, behaarte Blätter und rote, bezipfelte Früchte mit goldenen Streifen; für den Anbau in Gefäßen mit mind. 5 l Volumen; Pflanzen nicht ausgeizen
'Gelbes Ochsenherz' (ProSpecieRara)	schwach gerippte, ziemlich große gelbe bis orangefarbene Früchte. Herzförmig, fleischig und süßlich; geeignet für Salate
'Green Sausage' (VEN e. V.)	alte Buschtomate mit länglichen, grün-ocker gestreiften Früchten, die gestauchten Bananen oder Würstchen gleichen; kurios und dekorativ; trotz der geringen Höhe guter Ertrag; auch für Balkon oder Terrasse; Frucht schnittfest; gut lagerfähig; milder Geschmack, wenig Säure
'Reisetomate' (VEN e. V.)	Fleischtomate; sehr kurios aussehende Früchte; oft aus einzelnen, nicht miteinander verwachsenen Teilfrüchten zusammengesetzt, die getrennt geerntet werden können; rot; würzig, leicht säuerlich; mittelfrüh; guter, lang anhaltender Ertrag
'Vincent' (Sativa)	Kuriosität; Pflanze legt sich wie ein Teller auf den Boden; ca. 40 cm hoch; in der Mitte bildet die Pflanze zahlreiche sehr kurze Triebe mit massenweise kleinen Blüten, aus denen sich ebenso viele weiche, rosa, leicht abfallende Früchte entwickeln
'Wippersnapper' (VEN e. V.)	weit ausladende und hochwüchsige Stabtomate; kirschgroße Frucht, kugelrund bis oval mit kleinem Spitz; goldgelb; wohlschmeckende Obst-, Nasch- und Dekortomate; sehr reich tragend
'Zaira' (VEN e. V.)	Fleischtomate; Familiensorte aus Ostgeorgien; Früchte milchig-rosa, groß, glatt bis leicht gerippt; dunkelrotbraun durchgefärbtes Fruchtfleisch; leicht süßlich, saftig cremig; Geschmack erinnert an Wassermelonen; extrem früh; sehr ertragreich
'Zitronentomate' (ProSpecieRara)	aus Kasachstan; unverzweigte Sorte; gelbe Frucht, süßer Geschmack, mit einer Haut, die sich leicht vom reifen Fruchtfleisch schälen lässt
'Zwetschgentomate Carmen' (ProSpecieRara)	1905 von Spanien in die Schweiz gelangt; die Früchte sind zwetschgen- bis birnenförmig; große Trauben, feste sehr aromatische, karminrote Früchte mit etwas harter Fruchthaut

INTERESSANTE ALTE KÜRBISSORTEN

Pepo-Kürbisse

'Blanche non Coureuse' (ProSpecieRara)	ursprünglich von Gondian in Crest/F; weiße lange Früchte; ist eine angenehme Sorte, die sich nicht so ungehemmt produziert wie andere und den Ertrag besser auf das Jahr verteilt; die Früchte können sehr dick werden, ohne dass die Qualität einbüßt
'Costata Romanesco' (KCB Samen)	außerordentlich beliebte italienische Sorte, da sie im Geschmack alle anderen Zucchini übertrumpft; das sehr gute und ausgeprägte Aroma und ihr feinkörniges und festes Fleisch sind eine Seltenheit
'Golden Butter' (VEN e. V.)	Schweizer Sorte; Früchte gelb, leicht gerippt und etwas noppig; reicher Fruchtansatz; kleiner Busch, benötigt wenig Platz
'Patisson orange' (KCB Samen)	Patisson de Île Maurice; wunderschöner, sehr großer Patisson, lange verschollen, heute wieder gefunden
'Patisson weiss' (ProSpecieRara)	bereits im Garten zu Hessen um 1600 angebaut; als »Bischofsmütze« bekannte, flach-runde weiße Früchte; geeignet zum Braten, Füllen und Gratinieren; die jungen Früchte müssen nicht geschält werden und sind auch roh in Salaten ein Genuss
'Verte des Maraichers' (ProSpecieRara)	Zucchini; alte traditionelle Marktsorte; leicht gebuchtete Blätter, eher rund; walzenförmige Frucht, etwas verdickt in der Mitte, dunkelgrün, ohne Marmorierung; robuste Sorte und ertragreich bis in den Herbst; zarte Frucht mit mildem Geschmack

Maxima-Kürbisse

'Bleu de Hongrie' (KCB Samen)	eine interessante Sorte, die aus Ungarn stammt
'Bohemian' (KCB Samen)	altbewährte, graue Sorte mit gutem Fruchtfleisch; dunkelgelb, süß mit feinem Maroniaroma; diese Sorte ist selten und wird kaum angeboten
'Gelber Zentner' (Sativa)	sehr große Früchte mit gelborangefarbener Schale und gelbem Fruchtfleisch; vorzüglich für rohe Salate und Kürbiskompott; rankend und starkwüchsig, begrenzt lagerfähig
'Rive' ProSpecieRara)	wahrscheinlich Vorgänger der Sorte 'Rouge vif d'Etampes'; runde, abgeflachte, gerippte Frucht, rot-orange mit grünlich orangefarbenen Streifen zur Reife; etwa 10–12 kg schwer
'Rote Warze' (KCB Samen)	hübsche Sorte mit leuchtend roten Früchten und ausgeprägten Warzen
'Pecárka' (Arche Noah)	deutsch: »Backkürbis«; Früchte flach; Schale hellgrün; Fleisch gelborange; gut lagerfähig; guter Geschmack; Pflanze rankend; traditionell in der Ostslowakei genutzt; dort wird der Kürbis halbiert im Ofen gebacken und das Fleisch anschließend direkt aus der Schale gegessen

Moschus-Kürbisse

'De Nice a fruits longe' (KCB Samen)	altbewährte französische Sorte, keulenförmig, im reifen Zustand hellbraun, Fruchtfleisch intensiv orange, faserig, leicht süßlich
'Musquée de Provence' (Sativa)	dunkelgrüne, später beige-graue flachrunde, gerippte Früchte mit dunkelorangefarbenem Fruchtfleisch; langsam wachsend, nicht zu früh ernten; hervorragender Geschmack; stark rankend

Der »König der Gärten« blüht: Kürbisblüte

'Blauhilde' ist eine fadenlose Stangenbohne mit langen, violetten Hülsen, die sich beim Kochen zu einem schönen Smaragdgrün verfärben. Diese robuste, alte Sorte ist unempfindlich gegen viele typische Bohnenkrankheiten.

Hülsenfrüchte

Erbsen, Bohnen und Linsen gehören zur Familie der Hülsenfrüchtler *(Fabaceae)*. Deren Früchte bezeichnet man als Hülsen. Botanisch korrekt heißt es also Erbsenhülsen, nicht Erbsenschoten. Schoten haben im Gegensatz zu Hülsen zwei Kammern, die durch eine Zwischenwand getrennt sind, so wie es bei den Früchten von Raps oder Senf der Fall ist. Diese sind Mitglieder einer anderen Familie, der Kreuzblütler *(Brassicaceae)*.

Hülsenfrüchte zählen zu den ältesten und wichtigsten Kulturpflanzen des Menschen, denn sie liefern hochwertiges Eiweiß. Seitdem Fleisch in wohlhabenden Ländern die Rolle des Haupteiweißlieferanten übernommen hat, sind Hülsenfrüchte jedoch mehr und mehr zur Beilage verkommen. Vegetarier haben sich ihrer wieder besonnen und sie in die Küche und somit auch auf die Felder zurückgebracht. In der biologischen Landwirtschaft werden die Leguminosen, wie sie auch genannt werden, sehr geschätzt. Sie lockern mit ihren tief reichenden Wurzeln nicht nur den Boden, sondern sind durch eine Symbiose mit Knöllchenbakterien obendrein in der Lage, den für das Pflanzenwachstum wichtigen Stickstoff aus der Bodenluft zu binden und für nachfolgende Kulturen bereitzustellen.

Altes neu aufgelegt

Dicke Bohne *(Vicia faba)*
Synonyme: Ackerbohne, Puffbohne, Saubohne

Lange bevor die aus Südamerika stammende Gartenbohne *(Phaseolus vulgaris)* in Europa kultiviert wurde, dienten die eiweißreichen Samen der Dicken Bohne als wichtiges Nahrungsmittel. Die Dicke Bohne stammt ursprünglich wahrscheinlich aus dem Vorderen Orient bzw. Nordafrika und breitete sich dank ihrer Toleranz gegenüber niedrigen Temperaturen bis in den Norden aus. Samenfunde in Mitteleuropa gehen bis in die Bronzezeit zurück. In griechischen und römischen Schriften wird sie ebenso erwähnt wie im »Capitulare de villis«, der Landgüterverordnung Karls des Großen. In Notzeiten wurden die getrockneten Bohnen gemahlen und dem Getreidemehl zum Brotbacken beigemengt. Nach der Entdeckung Amerikas bekam die Puffbohne Konkurrenz. Kartoffel und Gartenbohne drängten sie ins Abseits, sie wurde zu Viehfutter degradiert.

Doch dank traditionsreicher Gerichte konnte sich die Pflanze in einigen Regionen halten. Im Münsterland etwa sind Dicke Bohnen mit Speck nach wie vor ein beliebtes Winteressen. Und in den Abruzzen werden Dicke Bohnen mit Pecorino als Nachspeise serviert: Man bleibt nach dem Hauptgang sitzen, schält, isst und verteilt die Hülsen dekorativ auf dem Tisch. So richtig auf den Teller zurückgebracht haben die Dicke Bohne moderne, meist an die mediterrane Küche angelehnte Rezepte. Die Ansprüche haben sich schließlich gewandelt. Nicht lang anhaltende, gut sättigende Mahlzeiten sind gefragt, sondern frische, leichte Gerichte.

In der Kultur ist die Dicke Bohne sehr anspruchslos. Sie wächst auf fast allen Bodenarten, ist robust und unempfindlich gegenüber Kälte oder Wind. Im Gegensatz zu den äußerst kälteempfindlichen Gartenbohnen kann sie sehr früh (Anfang März) ausgesät werden, bringt bereits im Juni die erste Ernte und räumt dann das Beet für eine Nachkultur. Ein Anbau in Reihen oder auch Doppelreihen hat sich bewährt. In einem Abstand von 15–20 cm werden die dicken Samen 5 cm tief abgelegt.

Eine Vorkultur der Jungpflanzen in kleinen Töpfen bringt noch frühere Ernten und erspart den Pflanzen in der Regel den Befall mit der Schwarzen Bohnenlaus, der bei späten Aussaaten häufig auftritt. Sind die Puffbohnen etwa handhoch, sollten sie angehäufelt werden, um ihre Standfestigkeit zu verbessern. Sehr hohe Sorten kann man auch an Stäben festbinden. Wichtig ist eine gute Wasserversorgung, vor allem zur Blütezeit, andernfalls setzt die Pflanze nur wenige Hülsen an. Rund zehn Hülsen pro Pflanze sollten es mindestens sein, um einen befriedigenden Ertrag zu erzielen. Außerdem kommt es auf den Erntezeitpunkt an. Die Bohnenkerne dürfen noch nicht mehlig sein, damit sie gut schmecken. Mit etwas Gespür und mehrmaligem Durchpflücken erwischt man den richtigen Moment.

Ihr hoher Gehalt an Proteinen, Eisen und B-Vitaminen macht die Dicke Bohne heutzutage für die gesunde Küche sehr interessant. Dazu wird sie vorwiegend frisch verwendet. Nur so kommt ihr feiner Geschmack richtig zur Geltung.

Dicke-Bohnen-Salat mit Thunfisch

ZUTATEN

250 g Dicke Bohnen (fertig gegart)
1 Dose Thunfisch
100 g Frühlingszwiebeln
1 Bund Petersilie
Olivenöl
weißer Balsamicoessig, Zitronensaft
Zucker, Salz, frischer Pfeffer

ZUBEREITUNG

- Bohnen in eine Schüssel geben.
- Thunfisch abtropfen lassen, mundgerecht zerpflücken und dazugeben.
- Frühlingszwiebeln in Ringe schneiden, Petersilie fein hacken und ebenfalls dazugeben.
- Aus den restlichen Zutaten eine Marinade bereiten, über den Salat gießen und vorsichtig untermischen. Mindestens eine halbe Stunde ziehen lassen.
- Mit Ciabatta servieren.

Gemüse von der Stange

Bohnen *(Phaseolus vulgaris* var. *vulgaris, Phaseolus vulgaris* var. *nanus, Phaseolus coccineus)*

Bereits in den Schriften des Altertums ist von Bohnen die Rede, so bei Dioskurides (phasiolos) oder bei Plinius (phaseolus). Auch im »Capitulare de villis« wird »fasiolum« erwähnt.

Aber eigentlich kann das gar nicht sein ... Die Bohne stammt schließlich aus Amerika und war zu Zeiten vor Kolumbus in Europa mit Sicherheit unbekannt. So ist das mit Namen, sie stiften Verwirrung. Welche Pflanzen genau die frühen Botaniker meinten mit ihren phaseolus-ähnlichen Bezeichnungen, ist nicht ganz klar. Die Gartenbohnen, die heute botanisch *Phaseolus vulgaris* heißen und zur Familie der Hülsenfrüchtler *(Fabaceae)* gehören, sind jedenfalls mit die ältesten Kulturpflanzen Mittel- und Südamerikas und gelangten erst im 16. Jahrhundert nach Mitteleuropa. Hier verdrängten sie allmählich die Dicke Bohne aus den Gärten. Sehr schnell entwickelte sich eine große Vielfalt an Sorten, die jeweils perfekt an die unterschiedlichen Standorte angepasst waren.

Aus den ursprünglichen rankenden Bohnen – die Urformen wurden zusammen mit Mais angebaut, an dem sie sich emporhangeln konnten – wurden im Laufe der Zeit auch niedrig bleibende Formen, die Buschbohnen *(Phaseolus vulgaris* var. *nanus)*, herausgezüchtet. Man hat ihnen das Winden um die eigene Achse gegen den Uhrzeigersinn (von links unten nach rechts oben) abgewöhnt. Bei einigen Sorten klappte das nicht so ganz, die heißen jetzt Reiserbohnen.

Buschbohnen *(Phaseolus vulgaris* var. *nanus)* gehören mittlerweile zu den beliebtesten Gemüsearten: Sie sind so herrlich unkompliziert. Sie wachsen in jedem

Vorkultur lohnt sich.

Dicke Bohne – jung und robust

Puffbohnensorte ‘Karmesin’

Zart und lecker: Dicke Bohne ‘Osnabrücker Markt’ frisch aus der Hülse

Gartenboden, fühlen sich auch im Halbschatten noch wohl und haben eine relativ kurze Kulturdauer. Auch von ihnen gibt es gelb-, grün- und blauhülsige Sorten. Es gibt Buschbohnen mit Fäden wie die 'Ostfriesische Speck'. Sie schmecken etwas aromatischer als Bohnen ohne Fäden, zu denen die bekannte alte 'Saxa' gehört. Die Fäden sollten vor dem Schneiden der Bohnen entfernt werden, da sie beim Essen stören. Man findet unter den Buschbohnen außerdem hoch- und rundbuschige Sorten, neuerdings auch sogenannte Gluckentypen, bei denen die Hülsen über dem Laub stehen, was die Ernte sehr vereinfacht ('Purple Teepee').

Samenwunder: gesprenkelte Bohnen

Die **Stangenbohne** *(Phaseolus vulgaris* var. *vulgaris)* ist im Gegensatz zur Buschbohne sehr anspruchsvoll, vor allem was Boden und Klima betrifft. Die Erde sollte tiefgründig, humos und stets ausreichend feucht sein. Obendrein liebt sie warme, windstille Lagen. Zum Dank bringt sie im Vergleich zur Buschbohne etwa den dreifachen Ertrag und die geschmacklich besseren Hülsen. Im Hausgarten schätzt man darüber hinaus die lange Erntezeit. Den ganzen Sommer über gibt es zarte Bohnen frisch von der Stange. Denn eine solche braucht sie unbedingt, die Stangenbohne – mindestens 2 m lang –, damit sie genügend Halt gibt. Aus welchem Material die Kletterhilfe ist, spielt keine Rolle: Holz, Eisen oder Bambus, alles wird umschlungen, nur mit vierkantigen Latten tut sich die Bohne schwer, denn das Winden ist pflanzenphysiologisch gesehen eine hochkomplizierte Angelegenheit. Die Stange sollte schon vor der Bohne im Boden stecken: ob senkrecht oder schräg, in Reihen oder im Kreis, entscheidet der Gärtner.

Eine weitere Art der Bohnen ist die **Prunk-** oder **Feuerbohne** *(Phaseolus coccineus)*. Sie lässt sich kultivieren wie die Stangenbohne, ist aber wesentlich robuster und ihre Blüte beeindruckender. Die Hülsen sind derber und beherbergen größere Samen. Mit zunehmender Reife bekommen sie einen rauen, wolligen Überzug, weshalb die Pflanze auch »Wollbohne« genannt wird. Im Geschmack sind die Hülsen ausgezeichnet, vorausgesetzt, sie werden rechtzeitig geerntet.

Kaum bekannt ist, dass man die Feuerbohne überwintern kann. Die knollig verdickten Wurzeln treiben nach einer frostfreien Lagerung im Frühjahr wieder aus und haben dann einen erheblichen Vorsprung gegenüber Aussaaten.

Eine alte Regel besagt: Die Aussaat von Bohnen sollte barfuß erfolgen, also erst im Mai, wenn sich der Boden genügend erwärmt hat und keine Nachtfröste mehr zu erwarten sind. Vorteilhaft ist die sogenannte Horstsaat, bei der man sechs Kerne zusammen in ein Loch legt. Die Keimlinge tun sich dann leichter mit dem Durchstoßen der Erdkrume. Zieht man Jungpflanzen vor, kommen ebenfalls sechs Bohnenkerne in einen Topf. Werden sie nach den Eisheiligen ausgepflanzt, haben sie einen enormen Wachstumsvorsprung. Außerdem werden sie nicht mehr von der Bohnenfliege befallen.

Sind die Bohnenpflanzen 20 cm hoch, verhilft man ihnen durch Anhäufeln zu mehr Standfestigkeit. Bei dieser Gelegenheit können die windenden Triebe von Stangen- oder Feuerbohnen auch gleich auf die richtige Spur gebracht werden. Eine ausreichende Versorgung mit Wasser und Nährstoffen ist Voraussetzung für einen guten Hülsenansatz. Und mehrmaliges behutsames Durchpflücken regt die weitere Blütenbildung an. Eine Bohne ist erntereif, wenn sie beim Brechen glatt und saftig durchbricht. Für den optimalen Geschmack erntet man lieber etwas früher als später. Junge, zarte Böhnchen sind eine wahre Delikatesse und im Hausgarten ist man schließlich nicht auf Höchsterträge angewiesen. Was nicht sofort verbraucht wird, kann blanchiert sehr gut eingefroren oder wie früher eingesalzen werden. Diese alte Konservierungsmethode für Bohnen ist fast vergessen, sie sorgte aber einst in ländlichen Haushalten für den wichtigen Wintervorrat.

In der Küche lassen sich Bohnen aller Art äußerst vielseitig verarbeiten. Sie müssen aber gekocht werden, da das unverträgliche Phasin nur durch Hitze zerstört wird. Als Bohnengemüse, Bohnensalat, als Speckböhnchen und in Eintöpfen finden sie Verwendung. Man unterscheidet Prinzess-, Brech- und Schnippelbohnen. Dabei ist zum einen der Erntezeitpunkt entscheidend, zum anderen auch die Sorte. Obendrein gibt es die Trockenbohnen. Bei ihnen werden nicht die Hülsen, sondern nur die Samen genutzt: entweder jung, wie bei Palerbsen, zum Direktverzehr oder (bei Vollreife) für die Lagerung. Dies war einst auch die Hauptnutzungsart der Bohne. Da die Bevorratung der getrockneten Bohnen kein Problem ist, war sie neben Getreide, Mais und Kartoffeln ein Grundnahrungsmittel, das durchgehend verfügbar war.

Die Monstranzbohne

Eine sehr interessante Bohne, die man in Bauerngärten fand, ist die Monstranzbohne (*Phaseolus vulgaris* 'Nonnen-Nabel' oder 'Monstranzen'). Sie ist eine Bohnensorte, um die sich zahlreiche Geschichten ranken. Grund dafür ist die sonderbare Zeichnung auf den mattweißen Samen, die einer Monstranz sehr ähnlich ist. So heißt es in einer Version, ein Dieb habe aus einer Kirche eine Monstranz gestohlen und in einem Acker vergraben. Als der Bauer das Feld pflügen wollte, bockte das Pferd an einer Stelle. Der Bauer, der daraufhin in der Erde grub, fand die entwendete Monstranz und brachte sie in die Kirche zurück. Auf dem Acker säte er weiße Bohnen. Die Ernte davon war reichlich und zu seinem Erstaunen trugen alle diese Bohnen als Zeichen das Abbild der Monstranz.

Wegen ihrer Zeichnung galt die Monstranzbohne stets als etwas Besonderes. Man war stolz darauf, sie im Garten zu haben, und reichte Samen über den Gartenzaun weiter. So konnte sich diese alte Sorte bis in die heutige Zeit retten. Sie wurde nicht nur für die Verwendung in der Küche angebaut, man fertigte aus ihr auch kunstvolle Rosenkränze und verhalf ihr so zu besonderen Ehren.

Interessante Zeichnung: Monstranzbohne

Feuerbohnen bringen Farbe in den Garten.

Eindeutig linkswindend: 'Blauhilde'

Eine Rarität: Bohnenschnippelmaschine

Der Ertrag wächst mit der Höhe.

Keimende Bohne: Voller Lebenskraft durchbricht der Spross die Erdoberfläche und nutzt die gespeicherte Energie der Samenblätter für sein erstes Wachstum.

Prinzessin Erbse

Erbse *(Pisum sativum)*

Es wird vermutet, dass sich die heutigen Formen der Gartenerbse aus einem alten Getreideunkraut, das auf den Feldern Vorderasiens wächst, entwickelt haben. Über den Mittelmeerraum gelangten sie nach Europa, ab dem Mittelalter spielten sie hier als Kulturpflanzen eine Rolle: und zwar als Trockenerbsen, denn nur so waren die nahrhaften Früchte haltbar. Frische Erbsen waren lange Zeit dem Adel vorbehalten und galten bei Hofe als ausgesprochene Delikatesse, wie man überlieferten Korrespondenzen aus dem Jahr 1696 vom Hof Ludwigs XIV. entnehmen kann. Erst allmählich fanden sie auch in der Küche des gemeinen Volkes Verwendung. Grundsätzlich unterscheidet man heute drei Unterarten: Palerbsen, Markerbsen und Zuckererbsen.

Palerbsen (*Pisum sativum* subsp. *sativum* convar. *sativum*) werden auch Schalerbsen genannt. Ihr Saatgut ist glatt und rund und verträgt Nässe und Kälte recht gut. Es kann daher schon sehr früh (im März) ausgesät werden. Die reifen Samen schmecken wegen des hohen Stärkegehalts sehr mehlig, eignen sich für Suppen, Pürees und zum Trocknen.

Markerbsen (*Pisum sativum* subsp. *sativum* convar. *medullare*) werden auch als Runzelerbsen bezeichnet, da ihr Saatgut durch den Trocknungsvorgang schrumpelig wird. Die Samen gelten als kälteempfindlich und sollten nicht vor April in die Erde kommen. Jung geerntet schmecken Markerbsen äußerst zart, saftig und leicht süßlich. Zum Trocknen sind sie jedoch nicht geeignet, da einmal getrocknete Samen beim Kochen nicht wieder weich werden. Einfrieren kann man die Erbsen nach kurzem Blanchieren aber sehr gut. Sie sind die bekannten Tiefkühl- und Konservenerbsen.

Zuckererbsen (*Pisum sativum* subsp. *sativum* convar. *axiphium*) sind auch unter den Namen »Zuckerschoten« oder »Kefen« bekannt. Ihr Samenkorn kann sowohl glatt als auch runzelig sein und sie sollten wie Palerbsen möglichst zeitig gesät werden. Geerntet werden die unreifen Hülsen, wenn die Samen sich gerade gut abzeichnen. Diese Hülsen sind im Ganzen essbar, da ihnen die ungenießbare Pergarminschicht fehlt, die die Hülsen von Pal- und Markerbsen innen auskleidet. Roh, frisch von der Pflanze sind sie ein absolut köstliches Naschgemüse, in Butter geschwenkt hießen sie zu Großmutters Zeiten bereits aus gutem Grund »Kaiserschoten« – für die Gefriertruhe bleibt da in der Regel nichts übrig.

Wie bei vielen anderen Gemüsearten gibt es auch bei den Erbsen Formen, die einst der menschlichen Ernährung dienten, dann aber nur noch als Futterpflanzen angebaut wurden oder ganz in Vergessenheit gerieten. Zu ihnen gehört etwa die **Peluschke** (*Pisum sativum* subsp. *sativum* convar. *arvense*), eine alte Futtererbse, die rund 1,50 m hoch wird und wunderschön rosaviolett blüht. Auch die Kapuzinererbse ist kaum mehr bekannt. Sie klettert über 2 m, blüht blauviolett und bildet zahlreiche dekorative tieflilablaue Hülsen.

Alle Erbsen wachsen am besten auf tiefgründigem, humosem Boden ohne Staunässe. Da sie ausgesprochene Langtagpflanzen sind, sollte ihre Aussaat zeitig erfolgen, damit sie genügend Blattmasse entwickeln können, bevor sie blühen. Weil die Sorten unterschiedlich hoch werden, sollte sich die Art und Weise des Anbaus danach richten. Sorten, die über 60 cm Höhe erreichen, brauchen eine Rankhilfe. Auf den Feldern wurden solche Sorten früher zusammen mit Getreide (Hafer oder Roggen) angebaut, das als Stütze fungierte. Reisig oder Maschendraht sind im Hausgarten das Material der Wahl. Mit einzelnen Stäben oder Seilen können Erbsen nichts anfangen. Hoch wachsende Sorten sät man am besten in Doppelreihen mit einem Abstand von 40 cm aus. Dazwischen spannt man Maschendrahtgitter oder errichtet eine Reisigwand. Daran können die Pflanzen emporklettern, haben Luft und setzen reichlich Hülsen

Violettes Blütenwunder: Kapuzinererbse ‘Blauwschokkers’

Typisch Kapuzinererbse: zarte grüne Erbsen in lila Hülsen

an, die bequem geerntet werden können. Anhäufeln sorgt für eine gute Standfestigkeit und wegen der gleichmäßigen Feuchtigkeit für zügiges Wachstum. Zur Ernte pflückt man den Bestand mehrmals durch, da zum einen nur junge Erbsen gut schmecken, zum anderen der weitere Blütenansatz gefördert wird. Als wahres Gourmetgemüse ist die Erbse ein Fall für den Hausgarten, denn dieser Titel gebührt ihr vor allem bei absoluter Frische. Gewerbliche Tiefkühl- oder gar Dosenware ist damit nicht zu vergleichen.

Die Alb-Leisa

Linsen *(Lens culinaris)* gehören zu den Ur-Kulturpflanzen der Alten Welt. Als pflanzliche Eiweißlieferanten waren sie sehr wichtig, denn tierisches Eiweiß, also Fleisch, war teuer und wertvoll. Wie man aus der Ernährungslehre weiß, ergeben Hülsenfrüchte zusammen mit Getreide eine ausgewogene Mahlzeit, denn die verschiedenen Eiweißbausteine ergänzen sich und versorgen so den Menschen umfassend mit Eiweiß. Diese moderne wissenschaftliche Erkenntnis steckt schon in »Leisa mit Schbätzla« (Linsen mit Spätzle), dem schwäbischen Nationalgericht. Kosmopolitisch gesehen ist diese Kombination zu vergleichen mit Bohnen und Mais in Amerika oder Soja und Reis in Asien. Sie ist überlebenswichtig bei fleischarmer oder vegetarischer Ernährung. Die Leisa gehörte zu den Grundnahrungsmitteln auf der Schwäbischen Alb, denn sie kommt mit den steinigen Böden und dem rauen Klima des Mittelgebirges gut zurecht.

Um 1960 war allerdings Schluss mit dem Leisa-Anbau auf der Alb: Unrentabel, so lautete das Fazit. Es stimmt, die Kultur von Linsen ist mühsam. Klettern will sie, festhalten möchte sie sich an Gerste oder Hafer. Folglich müssen zwei Arten ausgesät und gemeinsam geerntet werden. Mit einem Spezialgerät, dem Trieur, müssen sie anschließend auseinandersortiert werden. Dazu kommt ein eher armseliger Ertrag.

Eine schwäbische Spezialität: Alb-Leisa

Doch ein Biobauer ließ sich von alledem nicht abschrecken und wollte 1985 wieder in den Linsenanbau einsteigen – aber die Alb-Leisa war verschwunden. Nirgendwo gab es mehr Saatgut. Er probierte sich an Sorten aus Italien und aus Frankreich und machte sich schließlich doch auf die Suche nach dem Original. Diese Suche war aufwendig, aber erfolgreich. Im Jahr 2006 fand man die gute alte Alb-Linse in einer Saatgutbank in St. Petersburg. Wirtschaftlich ist ihr Anbau nach wie vor nicht. Trotzdem tritt sie seit einigen Jahren einen Siegeszug an: Denn »Leisa mit Schbätzla« sind aus der schwäbischen Küche nun mal nicht wegzudenken.

Mittlerweile ist die Alb-Linse bei »Slow Food« ein Klassiker in der »Arche des Geschmacks«. Das kleine Aromawunder begeistert nicht nur die Schwaben, sondern Feinschmecker aus der ganzen Welt.

Gut, aber giftig

Speiseplatterbse *(Lathyrus sativus)*
Synonyme: Köcherling

Viele Hülsenfrüchtler dienten früher der menschlichen Ernährung. Man nutzte sie als wertvolle Eiweißlieferanten. Manche wurden züchterisch weiterentwickelt, wie Bohne und Erbse, anderen wurde diese Gunst nicht zuteil und sie verschwanden aus den Gärten oder überlebten als Viehfutter. Zu diesen gehört die Speiseplatterbse. Vor allem in den Mittelmeerländern, in Teilen Tschechiens, aber auch in Deutschland wurde sie angebaut. Im Vergleich zu Erbsen ist sie sehr genügsam und übersteht auch längere Trockenperioden problemlos. Allerdings bringt sie nur etwa die Hälfte des Ertrags.

Bis zu 1,80 m hoch kann die Speiseplatterbse mit Kletterhilfe werden. Ihre Blätter sind schmal, ihre Blüten weiß. Die Blüte setzt spät ein, dauert aber sehr lange, sodass reife Hülsen und neue Blüten gleichzeitig an der Pflanze zu finden sind. Die Hülsen sind auffallend dreikantig und enthalten meist drei Samenkörner, die ebenfalls dreikantig sind, platt und weiß. Die Samen kann man grün wie frische Palerbsen zubereiten oder als Trockenerbsen verwenden. In diesem Zustand wurden sie früher sogar gemahlen, dem Getreidemehl beigemengt und zu Brot verbacken.

Wenn Speiseplatterbsen zu häufig verzehrt wurden, gab es Probleme. Sie enthalten nämlich ein Nervengift, das in hoher Konzentration zum Krankheitsbild des Neurolathyrismus führt: eine neurologische Störung mit spastischen Lähmungen und Schädigungen des Gehirns. Der Gehalt an diesem Neurotoxin variiert und könnte durch gezielte Auslese sicherlich reduziert werden, sodass kein gesundheitliches Risiko mehr bestünde. Dann könnte dieser Pflanze, die mit Trockenheit so gut zurechtkommt, eine große Zukunft bevorstehen.

Erbsenespresso

Rote Spargelerbse *(Lotus tetragonolobus)*
Synonyme: Flügelerbse, Kaffeeerbse

Interessante Pflanzen tragen interessante Namen – manchmal gleich mehrere. Das Besondere an der Roten Spargel-, Flügel- oder Kaffeeerbse sind ihre Hülsen. Sie sind grün, bei Genussreife etwa 4 cm lang und haben vier symmetrisch angeordnete Längsrippen, die aussehen wie Flügel.

Sie schmecken aber nicht nach Spargel, wie man vermuten könnte, sondern mehr nach grünen Bohnen, nur noch aromatischer. Allerdings sind auch die jungen Triebe der Flügelerbse essbar und früher wurde einiges als »Spargel« bezeichnet, was jung und grün aus dem Boden kam und in die Küche wanderte (z. B. auch Spargelsalat, Hopfenspargel).

Der Name Kaffeeerbse erklärt sich aus einer weiteren Nutzung. Die reifen, rotbraunen Samen mussten geröstet als Kaffeeersatz herhalten: Erbsenespresso. Wie und wann diese mediterrane Pflanze nach Deutschland kam, ist nicht genau geklärt. In Schriften des 16. Jahrhunderts liest man erstmals von ihr, aber ihr Anbau spielte sicherlich eine untergeordnete Rolle.

Wegen der hübschen roten Schmetterlingsblüten, die den ganzen Sommer über neu erscheinen, konnte sie sich als Zierpflanze in den Gärten halten.

Heute gilt die Spargelerbse als Rarität, die durch ihr dekoratives Erscheinungsbild und ihren besonderen Geschmack überzeugt. Man findet sie vor allem in der feinen Gastronomie und in Gärten von Pflanzenliebhabern, wo sie in der Küche als zarte Gemüsebeilage, in Salaten oder kurz gedünstet als aromatische Delikatesse serviert wird.

Platte Erbsen in kurzen Hülsen – unverkennbar: die Speiseplatterbse

Speiseplatterbsen brauchen Kletterhilfen.

Rot blühende Spargelerbse

Einleuchtendes Synonym für Spargelerbse: Flügelerbse

INTERESSANTE ALTE DICKE-BOHNEN-SORTEN

'Aqua Dulce' (Sativa)	Dicke Bohne mit großen rotbraunen Körnern in langen, hängenden, grünen Hülsen; mittelfrühe, stark wachsende Sorte; weiß blühend
'Dreifach Weiße' (Dreschflegel)	alte kräftige Sorte mit reinweißen Blüten und weißem Nabel; bei Frischernte grünes Korn auch nach dem Kochen; in trockenem Zustand weißes, dickes Korn
'Karmesin' (Dreschflegel)	zierliche, mittelspäte Sorte mit aufrechten, kleinen kompakten Hülsen; das mittelgroße Korn bleibt beim Kochen grün; leuchtend rote Blüte (rot blühende Puffbohnen sind aus dem 18. Jahrhundert bekannt)
'Osnabrücker Markt' (Dreschflegel)	mittelfrühe Sorte; lange, hängende Hülsen; helles Korn, das beim Kochen nachdunkelt
'Weißkeimige Frühe' (VEN e. V.)	Dicke Bohne mit bestem Bohnengeschmack; die Körner verfärben sich beim Kochen leicht bräunlich und entwickeln ein vorzügliches Aroma

INTERESSANTE ALTE BOHNENSORTEN

Stangenbohnen

'Berner Landfrauen' (ProSpecieRara)	alte, starklaubige, spät reifende Berner Landsorte aus den 30er-Jahren; wohl ein Abkömmling der Sorte 'Späte Schneggli'; lange, zarte Hülsen; sehr ertragreich; für raue Lagen nicht geeignet
'Blauhilde' (Sativa)	früh reifende, ertragreiche Sorte für den Freilandanbau; blau-violette, runde und dickfleischige Hülsen; Hülsen sind geschmackvoll, beim Kochen verfärben sie sich smaragdgrün
'Borlotto' (ProSpecieRara)	alte, bewährte, italienische Auskernbohne; späte Sorte mit großen, flachen, gesprenkelten Bohnen; Hülsen rot-grün, dann rot-gelb verfärbend und gesprenkelt: Hülsen flach und 18–20 cm lang
'Echte Kipfler' (VEN e. V.)	Hülsen grün mit violetten Sprenkeln; typisch gekrümmt; auffallend bei der Sorte ist die bei feuchtem ebenso wie bei trockenem Wetter hervorragende Blattgesundheit und Dauerhaftigkeit der Pflanze; reich tragende, späte Sorte mit sehr gutem, etwas mehligem Geschmack; völlig fadenfrei und auch mit weitgehend ausgebildeten Kernen noch gut zu essen; Kerne kugelig, beige-violett gescheckt
'Gelbes Posthörnli' (Sativa)	langsam wachsend und spät reifend; starklaubig; die kurzen, gelben Hülsen sind stark gebogen; die Samen zeichnen sich rasch ab; sehr guter Geschmack im jungen Zustand
'Herrenböhnli' (Arche Noah)	hellgrüne, sehr kurze, ca. 5 cm lange Hülsen; sehr zart; guter Geschmack; Samen schimmern rosa-weiß wie Perlen; Hülsen sind eine sehr dekorative Beilage oder ein schöner Aufputz für Salate
'Klosterfrauen' (Sativa)	alte, starkwüchsige Sorte mit kürzeren Hülsen, die grün oder im ausgereiften Zustand geerntet werden können; große, dekorativ braun-weiß gefärbte Samen
'Kapuziner' (Arche Noah)	2,5 m hoch; Hülsen 12–13 cm lang; Hülsen und Korn violett gesprenkelt; hervorragend zum Frischverzehr; spät fädig; alte Südtiroler Landsorte, ursprünglich vom Kapuzinerkloster Lana
'Lippoldsberger weiße' Perle' (Dreschflegel)	sehr alte, fadenlose Sorte; grüne Hülsen erinnern an Filetbohnen, sind aber bei später Ernte noch zart; Perlbohne (die runden, bei Reife weiß glänzenden Samen drücken sich wie eine Perlenschnur durch die Hülse)
'Spatzeneier' (Arche Noah)	rot gescheckt wie Spatzeneier; ertragreich; Hülsen anfangs olivgrün mit rötlichen Strichen, als grüne Bohne ohne Fäden verwendbar; ovales Korn, weiß mit schwarzen Sprenkeln, selten umgekehrt; ältere Hülsen purpurrot, dann nicht mehr als grüne Bohne verwendbar; Landsorte aus der Kölner Bucht

INTERESSANTE ALTE BOHNENSORTEN

Buschbohnen

'Braune Hartschielen' (Dreschflegel)	alte ostfriesische Landsorte; die hellbraune Trockenbohne wurde vorwiegend im westlichen Teil Ostfrieslands angebaut; in Norddeutschland wegen der hervorragenden Bohnensuppe bekannt, für die sie verwendet wird; Körner werden beim Kochen dunkelbraun
'Einlochbohne Niederhosenbach' (Arche Noah)	ertragreiche Einlochbohne aus dem Hunsrück; in jedes Pflanzloch wird in 15 cm Entfernung nur ein Korn gelegt; Hülse bis 20 cm lang, anfangs fadenlos, zart und gut im Geschmack
'Hinrichs Riesen' (Dreschflegel)	seit 1889 bekannte Sorte; längere Ernteperiode durch fortwährenden Hülsenansatz
'Mariazeller Bohne' (VEN e. V.)	Trockenbohne; Korn dunkelrot mit weißer Zeichnung; grüne Hülsen; sehr guter Geschmack; wahrscheinlich Regionalsorte aus der Steiermark; ursprünglich 'Grazer Markt'
'Maßliebchen' (VEN e. V.)	Zuchtsorte der ehemaligen DDR; grüne, runde, fädige Hülsen; Hülse gerade bis leicht gebogen, mittellang; Korn weiß, nierenförmig, lang und schmal; mittelfrüher sehr guter Ertrag; als Haussorte für Frischverzehr sehr gut geeignet; relativ lange Erntezeit
'Mont d'Or' (grüner Tiger)	auch 'Golden Butter'; wohl die geschmacklich beste gelbe Wachsbohne; fadenlos; flachhülsig; sehr alte französische Sorte; Ernte nach 52 Tagen; Korn schwarz
'Ostfriesische Speck' (Dreschflegel)	dickfleischige Hülsen; traditionelle norddeutsche Speckbohne; wird von ostfriesischen Gärtnern (die das Entfädeln nicht scheuen) geschmacklich bevorzugt
'Oktoberli' (ProSpecieRara)	seit 1940 in der Schweiz kultiviert; feine und fleischige Hülse, ohne Fäden; später als die anderen Sorten; ertragreich; sehr widerstandsfähig gegen Krankheiten; muss Ende Mai gesät werden für eine Ernte ab Ende Sommer
'Saxa' (Dreschflegel)	robuste, frühe Sorte, die seit 1912 im Handel ist; runde Hülsen
'Wachs Beste von Allen' (Dreschflegel)	alte amerikanische Sorte für gute Anbaubedingungen; junge, gelbe Hülsen eignen sich besonders für Bohnensalat

Feuerbohnen

'Arabische Schneekönigin' (VEN e. V.)	historische Sorte; Korn und Blüte weiß; Hülsen mittellang, ertragreich
'Preisgewinner' (Dreschflegel)	rot blühend; lange, flache, fädige Hülsen mit bis zu sieben Samen; Samen violett mit schwarzen Sprenkeln oder schwarz mit violetten Sprenkeln
'Steirische Käferbohne' (Dreschflegel)	blüht rot, rosa und fast weiß; Hülsen fädig, mittellang; geerntet wird eine Mischung aus violett oder braun-weiß gesprenkelten, seltener reinweißen oder schwarzen Bohnen

INTERESSANTE ALTE ERBSENSORTEN

Palerbsen

'Allerfrüheste Mai' (VEN e. V.)	Korn und Hülsen grün; sehr guter Geschmack; braucht eine Stütze; reift langsam ab und kann über einen relativ langen Zeitraum gepflückt werden
'Golderbse' (Arche Noah)	Blüte weiß; Korn leuchtend gelb, kugelrund; geschmackvoll; sehr käferanfällig; alte Sorte (schon 1920 erwähnt)
'Kleine Rheinländerin' (Dreschflegel)	bis 50 cm hohe, alte Sorte; bei einreihiger Saat wird eine Stützfrucht (z. B. Nackthafer) oder ein Gitter empfohlen; bei Anbau in Doppelreihe (Abstand 20 cm) halten sich die Pflanzen gegenseitig aufrecht
'Kronenerbse' (Arche Noah)	mittelhoch; mittelfrüh; Korn gelb und glatt; Hülsen 4 cm lang, vier bis fünf Erbsen pro Hülse; bildet alle Hülsen an der Spitze der Pflanze (daher der Name)

Markerbsen

'Herzog von Albanien' (ProSpecieRara)	als englische Markerbse gelangte die Sorte um 1887 auf den mitteleuropäischen Markt; hoch wachsend; weiß blühend; die großen Hülsen sind gut gefüllt mit vier bis sechs runzligen, sehr süßen, grünen Erbsen; sehr schmackhaft
'Salzmündener Edelperle' (Dreschflegel)	80–100 cm hohe, ertragreiche Sorte; roh und gekocht sehr schmackhaft
'Wunder von Kelvedon' (Sativa)	früh reifende, reich tragende Markerbse mit vielen Körnern pro Hülse; weiß blühend

Zuckererbsen

'Frieda Welten' (Sativa)	sehr starkwüchsige, violett blühende Sorte für die Oktobersaat; in den meisten Jahren frostfest; frühe, große Hülsen; ausgangs Winter evtl. mit Vlies oder Tannenästen schützen
'Rote Ostbotin' (Arche Noah)	Blüte rosa-violett, Korn dunkel-weinrot; traditionelle Landsorte aus Pischelsdorf, Oststeiermark
'Schweizer Riesen' (Sativa)	starkwüchsige Zuckererbse mit einer Wuchshöhe über 2 m; große, flache, hellgrüne Hülsen, die jung geerntet werden sollen; blüht violett
'Zuckerarfen' (Dreschflegel)	bis 120 cm hoch; alte, in Ostfriesland gefundene, weiß blühende, süßlich schmeckende Sorte

Knollen- und Wurzelgemüse, wie Speiserübe, Kohlrübe, Pastinake und Schwarzwurzel, spielen vor allem im Winter eine Rolle, da sie sich gut lagern lassen und auch in der kalten Jahreszeit regionale Frische auf den Tisch zaubern.

Wurzel- und Knollengemüse

Spricht man von Wurzel- und Knollengemüse, sind damit alle Pflanzen gemeint, die essbare, meist unterirdische Rüben und Knollen haben. Betrachtet man diese Gebilde etwas genauer, wird klar, welch wunderbare Fähigkeiten Pflanzen besitzen.

Um Assimilate (die Produkte aus Fotosynthese und anderen Stoffwechselvorgängen) einzulagern, bilden sie Pflanzenteile zu Speicherorganen um. Wurzel, Sprossachse oder auch Blätter sind an solchen Metamorphosen beteiligt.

Rüben entstehen in der Regel aus einer Verdickung der Hauptwurzel, wie bei der Möhre. Häufig ist auch das Hypokotyl (der Bereich zwischen Wurzelhals und Keimblättern) am Aufbau der Rübe beteiligt, etwa beim Rettich und bei der Kohlrübe.

Knollen dagegen definiert man als Verdickung eines einzigen Organs oder Organteils, also entweder der Sprossachse (wie bei Kohlrabi) oder des Hypokotyls (wie beim Radieschen) oder aber der Wurzel (wie bei der Süßkartoffel).

In jedem Fall dienen Wurzeln und Knollen als Speicherorgane der Pflanze, in die sie während ihres Wachstums Mineralstoffe, Vitamine und Kohlenhydrate einlagert. Bis zum Herbst sammelt sich eine geballte Ladung an Nährstoffen, die dem Menschen beim Verzehr zur Verfügung steht. Deshalb gehören Wurzeln und Knollen zu den ältesten Gemüsepflanzen, die der Mensch genutzt hat, brachten sie ihn doch ohne Gefriertruhe und »Fluggemüse« gut durch den Winter.

Neben Kartoffeln und Gelben Rüben sind in dieser Pflanzengruppe äußerst interessante Vertreter zu finden, etwa Haferwurzel und Kohlrübe, die geradezu darauf warten, im eigenen Garten angebaut zu werden. Das Motto lautet also: Back to the roots.

Von den Anden in die Fritteuse

Kartoffel *(Solanum tuberosum)*
Synonyme: Erdapfel, Grundbiarn

Berichte über 'Linda', die Kartoffelsorte, die gerettet werden muss, und über 'Amflora', die gentechnisch veränderte Stärkeknolle, haben das Interesse an den gemeinen Erdäpfeln geweckt. Was kommt da eigentlich auf den Tisch, wenn es Kartoffeln gibt?

Botanisch gesehen gehört die Kartoffel zu den Nachtschattengewächsen *(Solanaceae)*. Die unterirdische Sprossknolle dient der Pflanze als Nährstoffspeicher und vegetatives Vermehrungsorgan. Die Qualität und der Geschmack dieser Knollen hängen in erster Linie von der Sorte, aber auch von den Anbaubedingungen, also der Bodenart, dem Klima, der Düngung, und von der Lagerung ab.

Im Handel landen nur Sorten mit möglichst geringen Ansprüchen an ihren Gärtner und Händler: Resistenzen gegen Krankheiten, Legeeignung, Form, Größensortierung, Augentiefe, Schalenfarbe, Fleischfarbe, Kocheigenschaften, Lagerfähigkeit und noch vieles mehr spielen bei der Sortenwahl für den industriellen Anbau eine Rolle. Guter Geschmack steht nicht unbedingt auf der Liste. Übrig bleiben erschreckend wenige Sorten aus der großen Kartoffelvielfalt (über 2000 Sorten gibt es allein in Europa) und die werden dem Kunden aufgetischt.

Lange ist es her, seit die Kartoffel aus der Neuen Welt nach Europa kam. Und niemandem war damals bewusst, dass diese unscheinbare Knolle die Ernährungsgewohnheiten revolutionieren sollte. Neben

Chinarinde, Zucker, Tee und Baumwolle gehört die Kartoffel zu den fünf Pflanzen, die die Welt veränderten.

Europäische Seeleute brachten die von den Indios »papas« genannten Knollen mit von ihren Eroberungsfahrten. In Südamerika waren sie bereits 8000 vor Christus eine Kulturpflanze der Ureinwohner – das fanden Wissenschaftler mithilfe der Radiokarbonmethodik heraus. Um 1570 tauchten in Spanien die ersten Kartoffelpflanzen auf. Als Kuriosität wurden sie bewundert und waren nicht zum Essen, sondern zur Zierde gedacht. In diversen Kräuter- und Gartenbüchern wurden sie erwähnt. Wohlhabend war der, der sich diese außerordentlich seltene Pflanze leisten konnte. Die französische Königin Marie Antoinette steckte sich die bezaubernden Kartoffelblüten ins Haar und John Gerard, der Hofapotheker von Queen Elizabeth I., ließ sich mit einer Kartoffelblütendolde in der Hand abbilden.

Unverwechselbar durch ihre roten »Lidschatten«: 'Quarta'

Doch 1647 war es so weit: In Pilgramsreuth in Oberfranken pflanzte der Bauer Hans Rogler erstmals in Deutschland die Kartoffel feldmäßig an. Wie aus Protokollen über Zehntstreitereien hervorgeht, mit einem Ertrag von 1300 Zentnern jährlich. Angeblich hatte er die Knollen aus dem Sudetenland (Böhmen) mitgebracht, wohin sie wiederum durch einen holländischen Soldaten gelangt sein sollen.

Fakt ist: Wäre es nicht zu Streitereien gekommen, gäbe es keine Aufzeichnungen darüber und nach wie vor würde man glauben, die Preußen wären die ersten Kartoffelanbauer in Deutschland gewesen, denn die Geschichte um Friedrich den Großen, der 1756 seinen berühmten »Kartoffelbefehl« erließ, ist in allen Büchern zu lesen. In diesem »Circular Ordre« verpflichtete der Alte Fritz alle Steuerräte, für den breiten Anbau der Kartoffel zu sorgen und ihn straff zu kontrollieren. Dabei entstand die Legende, dass die Kartoffelfelder demonstrativ bewacht wurden, um die Bauern glauben zu lassen, hier würde Wertvolles angebaut. Nachts wurden die Truppen abgezogen, um die neugierigen Untertanen dazu zu verführen, die »verbotenen« Knollen auszugraben und mit nach Hause zu nehmen.

Die findigen Bauern erkannten schnell, dass die wundersamen Knollen schmeckten, gut nährten und auf weniger Acker mehr Ertrag brachten als Getreide. Der Durchbruch war geschafft. Eine ähnliche Geschichte erzählt man sich auch in Frankreich. Dort soll es Antoine Augustin Parmentier gewesen sein, der als Agronom ebenfalls die volkswirtschaftliche Bedeutung der »pomme de terre« erkannt hatte und deren Anbau propagierte.

Nach Weizen, Reis und Mais ist die Kartoffel mittlerweile das viertwichtigste Grundnahrungsmittel der Menschheit. Doch nur 58 % der erzeugten Kartoffeln kommen als Lebensmittel zum Einsatz, der Rest wird an Tiere verfüttert oder zu Alkohol, Stärke und anderen Non-Food-Produkten verarbeitet. Und von den 58 % Speisekartoffeln wird die Hälfte wiederum »veredelt«, das heißt, die Kartoffeln kommen als industrielle Fertigprodukte, wie Pommes frites, Chips, Knödelpulver etc., in den Handel. Viele »Echte Speisekartoffeln« bleiben nicht mehr übrig: 41,6 kg pro Kopf und Jahr. Anfang des 20. Jahrhunderts waren es noch 200 kg.

Wirtschaftlich ausgedrückt bedeutet das, Kartoffeln sind ein inferiores Gut geworden. Auf Deutsch heißt das, uns geht es so gut, dass wir weniger Kartoffeln, dafür aber mehr Fleisch essen, für dessen Erzeugung Kartoffeln, Weizen, Mais, Soja etc. in Massen angebaut werden müssen.

Will man keine Durchschnittsware aus dem kommerziellen Anbau auf dem Teller haben, muss man sich dem Liebhaberanbau zuwenden. Biobauern sind auf die Kartoffel gekommen und führen einige tolle Sorten im Sortiment. Auch im eigenen Garten ist der Kartoffelanbau wieder salonfähig geworden. Früher war es üblich, ein frisches Beet erst einmal mit Kartoffeln zu bepflanzen. Sie unterdrückten den Unkrautwuchs, lockerten den Boden und schufen somit optimale Bedingungen für nachfolgende Kulturen.

Hat man seine Favoritensorten ausgewählt und bei einem Anbieter ausfindig gemacht, kann es losgehen. Gemäß dem alten bayerischen Bauernspruch »Legst mi im April, kimm i, wann i will, legst mi im Mai, kimm i glei« kann man sich durchaus etwas Zeit lassen, denn die Erde sollte sich etwas erwärmt haben, bevor die Knollen in den Boden kommen.

Gepflanzt wird in Dämme, das heißt, die Erde wird in Reihen auf 20–30 cm angehäufelt, und das bei einem Reihenabstand von 60–80 cm. Sehr praktisch ist es, wenn man diese Dämme schon im Herbst aufschüttet, dann frieren sie im Winter gut durch und im Frühjahr kann ohne viel Arbeit in die krümelige Erde gepflanzt werden.

Will man den Aufgang der Kartoffeln etwas beschleunigen, so keimt man sie vor. Dazu schichtet man die Kartoffeln in Kisten und stellt sie bei 10–15 °C hell auf. Innerhalb von zwei bis drei Wochen bilden sich an den Augen gedrungene Triebe, dann können die Kartoffeln in die vorbereiteten Dämme gelegt werden: 20 cm tief und je nach Sorte 30–40 cm weit auseinander.

Bekannt und geschätzt: 'Linda'

Danach ist Geduld gefragt. Es dauert eine Weile, bis die ersten Triebe kraftvoll den Scheitel des Damms durchbrechen. Doch wenn es so weit ist, geht es mit der Entwicklung der Pflanze sehr rasch voran. Bald bedeckt das Kraut den Boden und die Blüte beginnt: in Weiß, Creme, Blasslila oder Violett. Die Damen von einst hatten schon recht, Kartoffelblüten sind etwas ganz Besonderes.

Die 'Mandelkartoffel' – eine Feinschmeckersorte mit mandelförmigen Knollen und intensiv gelbem Fleisch

'Rosa Tannenzapfen', auch 'Pink fir Apple' genannt

Tolles Trio: 'Roter Erstling', 'Blauer Schwede', 'Mandelkartoffel'

Die Ernte von Frühkartoffeln beginnt Anfang Juli. Es sollten immer nur so viele ausgegraben werden wie benötigt: erstens, weil die frühen Sorten nicht schalenfest sind und daher nicht gut gelagert werden können, zweitens, weil sie immer noch wachsen. Späte Kartoffeln erntet man, wenn das Kraut komplett abgestorben ist. Mitte bis Ende September ist es in der Regel so weit. Mit Grabegabel und Weidenkorb bewaffnet, ist es bei trockenem Wetter eine wahre Freude, Stock für Stock aus dem Boden zu holen. Man schüttelt die Erde ab, lässt die Knollen etwas abtrocknen und lagert sie ein. Kühl, aber frostfrei und dunkel sollte es sein, damit sie problemlos bis zum Frühjahr halten.

In der Küche kann kein Gemüse so vielseitig eingesetzt werden wie die Kartoffel. Zu Beginn verdrängte sie die bäuerlichen Grützen, Muse und Breie, dann wurde sie als Getreideersatz verwendet, zu Brot verbacken und zu Schnaps gebrannt. Schließlich fand man sie in Eintöpfen, Suppen, Salaten, Aufläufen und Kuchen

Das 'Bamberger Hörnla'

Kenner geraten ins Schwärmen, wenn vom 'Bamberger Hörnla' die Rede ist. Aber auch für Laien liest sich ihre Sortenbeschreibung zum Anbeißen: »Das 'Bamberger Hörnchen' ist festkochend und eignet sich hervorragend für Kartoffelsalat. Der Kartoffelgeschmack ist sehr intensiv. Die Kartoffelpflanze ist kleinwüchsig mit dünnem, zartem Kraut und blüht schneeweiß. Ihre Knollen sind klein, fingerförmig und leicht gekrümmt. Die hauchdünne Haut ist hell-ockerfarben mit einem rötlichen Schimmer, der von den Augen ausgeht und dort auch am intensivsten ist. Das Fleisch ist gelb, dicht und fest.« (Aus: www.food-from-bavaria.de)

Gerettete Sorte: 'Bamberger Hörnla'

Wahrscheinlich wurde das 'Bamberger Hörnchen' nach den verheerenden Kartoffelepidemien von 1846–1849 aus Frankreich eingeführt, als man dringend neue Sorten brauchte. Eine andere Theorie sagt, dass es in der Gegend um Bamberg entstanden sein könnte, da es vorzüglich an die leichten Schwemmsandböden des Bamberger Beckens und die dort vorherrschenden Klimaverhältnisse angepasst ist.
Im Jahre 1854 jedenfalls wurde das »Hörnla« im 2. Jahresbericht der Bamberger Naturforschenden Gesellschaft erstmals erwähnt.

Nie wurde das 'Bamberger Hörnla' züchterisch bearbeitet, nie stand es auf der Liste des Bundessortenamtes. Es war ein reines Liebhaberprodukt: krankheitsanfällig und arbeitsintensiv, aber köstlich. Mit der Zeit machten sich Abbauerscheinungen durch Viruserkrankungen bemerkbar und gesundes Pflanzgut war kaum mehr zu bekommen. Es wurde durch die ertragreichere, ähnlich aussehende französische Sorte 'La Ratte' ersetzt und war dem Untergang preisgegeben – bis die Rettung kam.

Liebhaber starteten eine erstaunliche Aktion. Ein Förderkreis wurde gegründet, das 'Bamberger Hörnla' als Passagier in die Slow-Food-»Arche des guten Geschmacks« aufgenommen, die Bayerische Landesanstalt für Landwirtschaft mobilisiert, Anbauversuche ausgewertet und schließlich das 'Bamberger Hörnchen' als Erhaltungssorte registriert.

Inzwischen steht wieder genügend virusfreies, gesundes Pflanzmaterial zur Verfügung, das auch ganz offiziell als Saatgut gehandelt werden darf.

Kartoffelblüte

'Sieglinde' aus eigener Ernte

»Legst mi im Mai, kimm i glei.«

'Blauer Schwede', auch 'Blue Congo' genannt

Ein Vielfraß: Kartoffelkäfer

wieder. Heute wird sie gedämpft, gekocht, gebraten und frittiert. Alles lässt sie mit sich machen. Verschiedene Kochtypen machen es möglich: Festkochende Sorten haben einen niedrigen Stärkegehalt und sind dank ihrer Konsistenz gut geeignet für Salat oder Bratkartoffeln. Vorwiegend festkochende Sorten sind mittelfest bis mehlig und ideal für Salzkartoffeln und Eintöpfe. Mehlige Kartoffeln verwendet man wegen ihres hohen Stärkegehalts für Knödel, Suppen und Püree. Aber das ist nur eine starre Einteilung der Deutschen Handelsklassenverordnung. Dazwischen existieren noch viel mehr feine Nuancen. Die Auswahl ist riesig. Für jeden Geschmack ist etwas dabei: aromatisch, würzig, herzhaft cremig, mild, lieblich, buttrig oder speckig.

Die 'Schwarzblaue aus dem Frankenwald'

Im Frankenwald ist sie wiederentdeckt worden, die alte Landsorte aus der Region Oberfranken mit dem schönen Namen 'Schwarzblaue aus dem Frankenwald'. Ihre Knollen sind rundlich und eher klein, ihr Fleisch hellgelb und mehligkochend – ideal für die fränkischen »Klees« (Kartoffelknödel). Und ihre Schale ist dunkelviolett, schwarz-blau eben. Kenner schätzen die Sorte aber nicht nur wegen der Farbe ihrer Schale, sondern wegen ihres unvergleichlichen Geschmacks.

Die 'Schwarzblaue aus dem Frankenwald' wurde nie züchterisch bearbeitet. Über Generationen hinweg wurde sie immer aus der eigenen Ernte heraus nachgebaut, so wie es früher üblich war. Über die Jahrzehnte hat sich dadurch ein enormer Virusbefall aufgebaut, für die Praxis bedeutet das: Die Pflanzen kümmern und entwickeln nur kleine Knollen. Profitabel ist ihr Anbau damit schon lange nicht mehr. Das soll sich jetzt ändern.

»Slow Food« ist auf die Schwarzblaue aufmerksam geworden und kümmert sich um den Erhalt der alten Frankenwald-Erdäpfel.

Die 'Schwarzblaue': toller Geschmack

In Zusammenarbeit mit der TU München-Weihenstephan will man es, ähnlich wie beim 'Bamberger Hörnla', schaffen, dass wieder virusfreies Pflanzmaterial dieser alten Sorte zur Verfügung steht und die 'Schwarzblaue' vor dem Aussterben bewahrt wird.

Tolle Knollen

Topinambur *(Helianthus tuberosus)*
Synonyme: Erdbirne, Knollensonnenblume, Erdartischocke, Rosskartoffel, Ewigkeitskartoffel

Der Topinambur, die Sonnenblume mit den Knollen an den Füßen, gehört wie »normale« Sonnenblumen *(Helianthus annuus)* zur Familie der Korbblütler *(Asteraceae)*. Anfang des 17. Jahrhunderts brachten ihn französische Seefahrer in ihre Heimat und benannten ihn angeblich nach einem alten Indianerstamm, den Topinambus.

In Reih und Glied: Topinambur-Saatknollen

Die mehrjährige krautige Pflanze wird bis zu 3 m hoch, trägt an den verzweigten Stielen eine Vielzahl von gelben Sonnenblumen und überwintert mit etwa faustgroßen Rhizomen, den Topinamburknollen. Diese Knollen, wegen ihres feinen Geschmacks auch »Erdartischocken« genannt, waren bald eine begehrte Delikatesse an den französischen Fürstenhöfen und eroberten von dort die Tische des gemeinen Volkes. Mitte des 18. Jahrhunderts wurden sie jedoch von der ergiebigeren Kartoffel verdrängt und fristeten zuletzt als Viehfutter ihr Dasein.

In Baden werden die »Rosskartoffeln«, wie die Knollen dort auch genannt werden, noch feldmäßig angebaut, um den Rohstoff für einen Branntwein, den sogenannten »Rossler«, zu liefern. Jäger schätzen die buschige Sonnenblume als Deckungspflanze für Niederwild und Äsungspflanze für Rehe. Doch durch das Ansiedeln in der freien Natur hat sich diese sehr konkurrenzstarke Pflanze mancherorts ziemlich selbstständig gemacht und wird dort wie Springkraut *(Impatiens glandulifera)* oder Goldrute *(Solidago canadensis)* als invasive Pflanze angesehen, deren weitere Ausbreitung zu verhindern beziehungsweise die zurückzudrängen ist.

Unter geregelten Kulturbedingungen ist ihr Anbau jedoch kein Problem. Zum Glück, denn in den vergangenen Jahren wurden verschiedene Vorzüge der Pflanze wiederentdeckt: zum einen ihr Wert als Energiepflanze. Als nachwachsender Rohstoff lassen sich sowohl Kraut als auch Knollen zu Biogas vergären. Zum anderen ihr Geschmack und ihr Inulingehalt.

Als besonderes Gemüse bereichert die Topinamburknolle die Küche und bringt Abwechslung auf den Speiseplan. Von Diabetikern wird sie besonders geschätzt, da sie ihre Kohlenhydrate als Inulin und nicht wie die Kartoffel als Stärke abspeichert. Dieses Inulin lässt sich von den Verdauungsenzymen nicht spalten und beeinflusst dadurch auch den Blutzuckerspiegel nicht – ein wertvolles Diätgemüse also.

Topinamburanbau im Garten ist einfach und gelingt immer. Eines sollte man jedoch unbedingt bedenken: Topinambur wuchert, duldet nichts unter und neben sich und man wird ihn nur schwer wieder los. Am besten weist man ihn von Anfang an in seine Schranken, das heißt, man umgibt die Pflanzen mit einer Wurzelsperre.

Energie pur: ein Topinamburrhizom, bereit zum Austrieb

Gepflanzt werden die Saatknollen im Frühjahr wie Kartoffeln: etwa einen halben Spaten tief und im Abstand von einem halben Meter. Will man einen guten Ertrag erzielen, so häufelt man nach dem Austrieb an und versorgt die Pflanzen mit ausreichend Wasser und Nährstoffen. Hindert man die Pflanzen dann auch noch am Blühen, indem man die Knospen abschneidet, so stecken sie ihre ganze Energie in die Knollen. Diese sind reif zum Ernten, wenn das Laub abgestorben ist. Nach Bedarf können die Knollen ausgebuddelt werden: solange der Boden frostfrei ist, den ganzen Winter über, denn sie sind winterfest (im Gegensatz zu Kartoffelknollen). Das hat auch die Konsequenz, dass jedes Stückchen Knolle, das im Boden verbleibt, im nächsten Jahr wieder austreibt.

Anders als Kartoffeln haben Topinamburknollen nur eine ganz dünne Schale. Deshalb sind sie kaum lagerfähig, sie schrumpeln und faulen leicht. Am besten sind sie bis zum Kochen im Boden aufgehoben. Apropos Kochen: Man vergleicht zwar Topinambur immer mit der Kartoffel, aber man vermeide es, sie in der Küche genau wie diese zu verwenden. Man wird herb enttäuscht sein von diesem »Delikatessgemüse«, wenn man es wie Salzkartoffeln zubereitet.

Doch roh geraspelt oder als Carpaccio mit feinem Essig und gutem Öl angemacht, zeigen die Knollen, was in ihnen steckt. Auch als Chips in Rapsöl frittiert, als Topinambur-Rösti in der Pfanne gebraten oder püriert mit einem Klecks Crème fraîche sind die Erdbirnen eine wirkliche Delikatesse. Rezeptideen zu diesen tollen Knollen gibt es mittlerweile genug. Und auch für Eigenkreationen ist dank der Fruchtbarkeit immer genügend Rohmaterial vorhanden.

Topinambur-Carpaccio

ZUTATEN

14 Topinamburknollen
Salz, Zitronensaft, Pfeffer aus der Mühle
3 EL weißer Balsamicoessig
2 EL kalt gepresstes Kürbiskernöl
1 Schalotte (in Würfel geschnitten)
1 EL Weißwein
2 EL Gemüsebrühe
1 TL gehacktes Koriandergrün
Kürbiskerne

ZUBEREITUNG

- Die Topinamburknollen waschen, schälen und in dünne Scheiben schneiden.
- In Salzwasser und etwas Zitronensaft blanchieren, in Eiswasser abschrecken und trocken tupfen.
- Aus Balsamicoessig, Kürbiskernöl, Schalotte, Weißwein, Gemüsebrühe und den Gewürzen eine Vinaigrette anrühren.
- Topinambur rosettenförmig auf dem Teller drapieren und mit der Kürbisvinaigrette marinieren. Mit geschroteten Kürbiskernen verzieren.

Allround-Gemüse mit Zukunft

Pastinake *(Pastinaca sativa)*
Synonyme: Hammelmöhre, Hirschmöhre, Welsche Petersilie, Moorwurzel

Wie viele Wurzelgemüsearten gehört die Pastinake zur Familie der Doldenblütler *(Apiaceae)*. Bis ins 18. Jahrhundert war die Pastinake, die in ganz Europa heimisch ist, eine der wichtigsten Gemüsearten, wurde dann aber von der Kartoffel und der Gelben Rübe abgelöst und zu Viehfutter (Hammelmöhre) degradiert. Vielleicht war es ihre lange Kulturdauer, die ihr zum Verhängnis wurde. Sechs bis sieben Monate von der Aussaat bis zur Ernte sind eine lange Zeit. Die Kultur dieser äußerst widerstandsfähigen und anspruchslosen Pflanze gelingt jedoch ganz leicht. Wichtig ist frisches Saatgut, überlagertes hat eine geringe Keimfähigkeit. Tiefgründiger, gut gelockerter Boden begünstigt das Wachstum gleichmäßiger langer Rüben. Ausgesät wird im März/April in Reihen, etwa 2 cm tief und zur Erleichterung der Pflege mit Markiersaat (Mohn, Radieschen, Salat).

Pastinake – das neue Allroundgemüse

Nach dem Aufgang wird auf 10–15 cm Abstand in der Reihe verzogen. Das üppige Laub hält die Unkrautkonkurrenz bald von alleine in Schach, sodass die weitere Pflege nicht sonderlich aufwendig ist. Das ist gut so, denn manche Menschen leiden unter verbrennungsähnlichen Hautreaktionen, wenn sie die Blätter bei Sonnenlicht berühren – ähnlich wie nach Kontakt mit dem Riesenbärenklau *(Heracleum mantegazzianum)*.

Das Hauptwachstum der Wurzel setzt erst im September ein. Geerntet werden die frostharten, etwa 20 cm langen und 4–6 cm dicken Wurzeln von Oktober bis März, immer wenn der Boden offen ist. Frost schadet den Pastinaken nicht. Im Gegenteil, die Wurzeln werden durch ihn milder und voller im Geschmack. In England wird die Pastinake wesentlich mehr geschätzt als in Deutschland. Die Sortenvielfalt ist dort enorm und »mashed parsnip«, das Pastinakenpüree, eine beliebte Beilage.

Hierzulande hat erst die Vollwertküche das Gemüse wieder in die Küche zurückgebracht. Und inzwischen haben auch kreative Köche das Potenzial der Pastinake erkannt und sie zu Salaten, Suppen, Püree, Röstis und sogar Chips verarbeitet. Selbst Babykost-Hersteller rühmen die Inhaltsstoffe und den guten Geschmack.

Pastinaken-Rösti

ZUTATEN

500 g Pastinaken
3 Eigelb
50 g Stärkemehl
Muskat, Kümmel, Salz, Pfeffer
Butterschmalz

ZUBEREITUNG

- Die Pastinaken grob reiben. Eigelb, Stärkemehl und Gewürze dazugeben und gut vermischen.
- Dünne Rösti formen und in Butterschmalz knusprig ausbacken.

Die lange Schwarze

Schwarzwurzel *(Scorzonera hispanica)*
Synonyme: Winterspargel, Skorzoner Wurzel

Der schwarzbraune Korkmantel, der die Pfahlwurzel der Schwarzwurzel umgibt, gab dem Wintergemüse seinen Namen. Innen ist die Wurzel weiß und führt hellen Milchsaft. Wie an ihrer Blüte unschwer zu erkennen ist, gehört sie zur Familie der Korbblütler *(Asteraceae)*. Botaniker erwähnen »scorzonera«, was »schwarze Schlange« bedeutet, bereits im 16. Jahrhundert als Heilpflanze. Ihre Bestimmung als Gemüse erfuhr sie erst später. Als es so weit war, machte sie der Weißwurzel *(Tragopogon porrifolius)* Konkurrenz, um später schließlich selbst vom Konkurrenten Spargel abgelöst zu werden. Was für ein Abstieg. Aber ihre Geschichte geht wohl doch gut aus. Als Gemüse-»Newcomer« ist sie gerade dabei, Gärten und Küchen zu stürmen. Denn nicht nur der Geschmack dieser Wurzel überzeugt, sondern auch ihre Inhaltsstoffe. Wie die meisten Korbblütler speichert sie Kohlenhydrate in Form von Inulin, was sie für Diabetiker besonders interessant macht.

Die Schwarzwurzel hat eine sehr lange Vegetationszeit. Sie belegt das Beet von der Aussaat bis zur Ernte für etwa neun Monate. Außerdem benötigt sie zur Ausbildung kräftiger, gerader, langer Wurzeln tiefgründigen, humosen und nährstoffreichen Lehmboden. Ausgesät wird, sobald der Boden etwas abgetrocknet ist, im März/April. Weil das Saatgut oft schlecht keimt, sät man besser relativ dicht. Eine Beimengung von Radieschensamen als Markiersaat hat sich bewährt, denn so kann man frühzeitig hacken. Ein Verziehen der Sämlinge auf 6–8 cm sorgt für ausreichend Platz zum Wachsen. Der Anbau auf Dämmen (wie bei Kartoffeln) erzielt tolle Resultate und erleichtert die Ernte. Da das Jugendwachstum der Schwarzwurzel sehr langsam ist, ist mehrmaliges Hacken zur Auflockerung und Unkrautentfernung nötig.

Im Oktober/November, wenn das Laub einzieht, kann die Ernte beginnen. Bewährt hat es sich, neben der zu erntenden Wurzelreihe einen spatentiefen Graben zu ziehen und die Schwarzwurzelreihe dann in diese »hineinzustürzen«. Die aufgelockerten Wurzeln können so sehr schön in voller Länge und unversehrt eingesammelt werden. Damit das Erntegut nicht austrocknet, sollte es bald verarbeitet werden oder in den Einschlag kommen.

Schwarzwurzel und Haferwurzel im Beet

In der Küche finden die schwarzen Stangen vielfältige Verwendung. Als Salat, Suppe, Gemüsebeilage oder in Eintöpfen schmeckt das zarte Wintergemüse hervorragend. Aber vor den Genuss haben die Götter den Schweiß gesetzt. Das heißt in diesem Fall: Die Wurzeln müssen geschält werden. Und dies ist aufgrund des sofort austretenden, hässliche braune Flecken hinterlassenden Milchsaftes etwas umständlich. Grundsätzlich gibt es drei Möglichkeiten: Gummihandschuhe anziehen, unter fließendem Wasser schälen oder die ungeschälten Stangen über Dampf garen, mit kaltem Wasser abschrecken und die Rinde einfach abziehen. So bleiben alle Nährstoffe im Gemüse.

Vegetarische Auster

Haferwurzel *(Tragopogon porrifolius)*
Synonyme: Weißwurzel, Salsify, Bocksbart, Habermark

»Weißwurzel« wird die Haferwurzel auch genannt. Sozusagen als Pendant zur Schwarzwurzel *(Scorzonera hispanica)*. Die Farbbezeichnung bezieht sich aber nur auf die Wurzelrinde, innen sind alle beide weißfleischig und führen ausgiebig Milchsaft. Beide sind eng miteinander verwandt, was sich auch sehr deutlich im Aussehen widerspiegelt. Sie gehören zur Familie der Korbblütler *(Asteraceae)* und bilden als Samenstände dicke Pusteblumen, größer und schöner, als man es vom Löwenzahn kennt. Im Gegensatz zur Schwarzwurzel, die gelb blüht, hat die Haferwurzel lilafarbene Blüten. Diese bezeichnete der deutsche Bischof und Gelehrte Albertus Magnus (1200–1280) in seinen Schriften als »oculi porci«, Schweinsaugen, und rühmte die dazugehörigen Wurzeln wegen ihres vorzüglichen Geschmacks – und lieferte damit den Beweis dafür, dass die Haferwurzel, deren Heimat ursprünglich der Mittelmeerraum ist, bereits im 13. Jahrhundert hierzulande in Kultur war. Über Jahrhunderte hinweg baute man sie an, bis sie im 19. Jahrhundert von ihrer »schwarzen Verwandtschaft« verdrängt wurde. Lediglich in England hielt die »oysterplant« (Auster-Pflanze) ihre Stellung und gilt dort nach wie vor als Delikatesse. Tatsächlich erinnert der Geschmack der Wurzeln ein wenig an Austern, vor allem, wenn sie etwas Frost abbekommen haben. Ein weiterer enger Verwandter der Haferwurzel ist der **Wiesenbocksbart** *(Tragopogon pratensis)*. Er ist heimisch, blüht gelb und führt ebenfalls weißen Milchsaft in seinen Wurzeln. Wie viele Pflanzen, die nicht giftig sind, wurde auch er im Laufe der Geschichte irgendwann einmal als Gemüse genutzt und wird momentan von Wald- und Wiesengärtnern wiederentdeckt.

Hafer- und Schwarzwurzel Seite an Seite

Die Haferwurzel ist ein zweijähriges Gewächs, das im ersten Jahr Blätter und Wurzel ausbildet und im zweiten die Blüte. Genutzt wird die Pfahlwurzel im Herbst/Winter des ersten Jahres, denn nach der Blüte verholzt sie und wird ungenießbar. Will man sich an der außergewöhnlichen, lilafarbenen Blüte erfreuen, muss man daher auf die eine oder andere Wurzel auf dem Teller verzichten.

Ausgesät werden die großen Samen der Haferwurzel im März/April in Reihen. Bald darauf kann man die grasartigen Pflänzchen auf etwa 10 cm verziehen. Gießen und jäten, mehr Arbeitsaufwand ist nicht nötig, um Ende Oktober die ersten »vegetarischen Austern« ernten zu können. Etwa 2 cm dick und 30 cm lang sind die hellen Wurzeln. Da die Haferwurzel winterhart ist, kann sie bei offenem Boden nach und nach geerntet werden. Wie bei der Schwarzwurzel färbt sich der beim Schälen austretende Milchsaft an der Luft braun und hinterlässt Flecken auf Händen und Wurzeln. Um das Gemüse appetitlich weiß zu halten, legt man es sofort in Wasser mit Essig oder Zitrone.

Zubereitet werden Haferwurzeln ähnlich wie Schwarzwurzeln, auch wenn sie anders schmecken. Sie sind als Suppe, Püree oder Gemüsebeilage zu finden.

'Oculi porci': Haferwurzelblüten

Hauptsache unversehrt: Schwarzwurzelernte

Speiserüben, Schwarzwurzeln, Pastinaken

Schwarzwurzelblüte

Samen für die nächste Ernte

Hustensaft aus dem Garten

Schwarzer Rettich (*Raphanus sativus* var. *niger*)
Synonyme: Winterrettich, Ackerrettich

Ein ideales Wintergemüse ist der Schwarze Rettich. Seine Verwendung in Mitteleuropa ist seit dem Mittelalter belegt. Bis zum Beginn des 20. Jahrhunderts war er äußerst beliebt, da er sich im Gegensatz zu den Sommerformen sehr lange lagern lässt und damit eine willkommene und vitaminreiche Abwechslung für den winterlichen Speiseplan darstellte.

Seinen Namen hat er seiner schwarzen, verkorkten Schale zu verdanken, die das weiße, feste Fleisch umgibt. Er kommt in kugeliger oder länglicher Form vor, die Sorten heißen dementsprechend 'Runder schwarzer Winter' oder 'Langer schwarzer Winter'. Auch einen 'Braunen Fridolin' gibt es, der eine recht ungewöhnliche graubraune Schale hat.

Schwarzer Rettich schmeckt deutlich schärfer als weißer Rettich. Verursacht wird diese Schärfe durch schwefelhaltige Senföle, die unter anderem auch seine medizinische Wirkung ausmachen. Sirup aus dem Schwarzen Rettich hilft hervorragend gegen Husten. Zubereitet wird er, indem man Kandiszucker in einen ausgehöhlten Rettich gibt und diesen warm stellt. Der Zucker löst Wasser, ätherische Öle und andere Inhaltsstoffe aus dem Rettichfleisch und schmilzt dabei. Der ausfließende Sirup wirkt schleim- und krampflösend.

Schwarzer Rettich ist eine einfache Nachkultur. Man rechnet etwa zwölf Wochen von der Aussaat bis zur Ernte. Etwa Anfang November, bevor es richtig kalt wird, ist es Zeit, die Rettiche zu ernten. Im Winterlager halten sie bis ins Frühjahr hinein und stehen immer frisch und knackig zur Verfügung.

Schwarz und scharf: Rettich 'Runder Schwarzer Winter'

Knolle mit Kraft

Rote Bete (*Beta vulgaris* subsp. *vulgaris* Conditiva-Gruppe)
Synonyme: Rote Rübe, Rande

Ausgangsform der Roten Rübe dürfte eine Wildbete sein, die auch als Seemangold bekannt und an den Küsten des Mittelmeeres zu finden ist. Die typische Ringelung der Roten Bete wird durch ihr besonderes Dickenwachstum verursacht, das der Jahresringbildung von Bäumen ähnelt. Abwechselnd werden Holz- und Bastringe angelegt und jeweils nach außen hin fortgesetzt. Die ältesten Rübenteile liegen also im Inneren.

Dichter Stand liefert »Baby Beets«.

Die Römer hatten die Bete einst mit im Gepäck und schon bald war sie in ganz Mitteleuropa verbreitet. Form und Farbe der Rüben waren damals noch sehr unterschiedlich. Lang gestreckte, zylinderförmige, walzen- und kugelförmige, auch plattrunde Rüben waren zu finden. Außerdem solche mit deutlicher Ringelung im Inneren sowie rein hellrote, gelbe und weiße. Im Laufe der Zeit entstanden durch gezielte Auslese und Züchtungsarbeit große, mehr oder weniger walzenförmige, fast schwarzrot durchgefärbte Sorten: Ausgangsware für die Konservenindustrie. Zum Glück wurde die Rote Rübe mancherorts auch weiterhin im Hausgarten kultiviert, sodass einige der »technisch unbegabten« Sorten überlebt haben. Und die sind genau die Richtigen für den Anbau im eigenen Beet.

Rotweiß geringelt: Rote Bete 'Chioggia'

Rote Bete ist völlig anspruchslos in der Kultur. Auf humosen, gut wasserhaltenden Böden gedeihen sie am besten. Ausgesät wird (2–3 cm tief in Reihen) frühestens Ende April, damit die Pflanzen nicht durch Kältereiz zum Schossen angeregt werden. Will man laufend kleine Rübchen, sogenannte »Baby Beets«, ernten, sät man in mehreren Sätzen. Für die Einlagerung im Winter genügt eine Aussaat Mitte Juni. Nach dem Aufgang muss in jedem Fall vereinzelt werden, je nach Anspruch mehr oder weniger großzügig. Ein bisschen Unkraut hacken und bei Bedarf gießen, mehr ist nicht zu tun. Geerntet werden kann immer: junge Blätter zur optischen Bereicherung von Mischsalaten, kleine zarte Rüben für die feine Küche oder ausgewachsene Exemplare für alles, was einem an Rote-Bete-Rezepten einfällt, und für das Winterlager.

Bei der Ernte sollte man darauf achten, dass die Wurzel nicht verletzt wird, denn »blutet« sie, eignet sie sich nicht mehr zum Einlagern. Aus demselben Grund wird das Laub auch nicht abgeschnitten, sondern lediglich vom Rübenkörper abgedreht, sodass die jungen Herzblätter dranbleiben. In der Erdmiete oder im Keller in feuchten Sand eingeschlagen, halten die Rüben ohne Weiteres vier Monate.

In der Küche ist Rote Bete wirklich eine Wunder-Rübe. Hat man sich gedanklich erst einmal von den verkochten Scheiben aus dem Glas und den vakuumierten Kugeln verabschiedet, ist der Weg frei für Experimente. Roh geraspelt mit Apfel, Sellerie, Walnüssen und Sauerrahmdressing, im Ganzen im Dampf gegart, in Achtel geteilt und in Butter und Orangenmarmelade karamellisiert, in Brühe gekocht und püriert als Cremesuppe mit weißen Meerrettich-Nockerln oder frittiert zu Chips oder als Rote-Bete-Carpaccio oder … – es sind unzählige Rezeptvarianten möglich.

Knackig bis in die Wurzelspitzen

Möhre (*Daucus carota* subsp. *sativus*)
Synonyme: Karotte, Gelbe Rübe, Mohrrübe

Möhre, Karotte oder Gelbe Rübe? Eine offizielle Definition gibt es nicht für den köstlichen Doldenblütler *(Apiaceae)*. Aber kleine rundliche Sorten werden eher als Karotten bezeichnet und Gelbe Rüben sind vor allem in Österreich auch wirklich gelb und nicht orangefarben.

Ihren kräftigen Orangeton bekamen Möhren ohnehin erst im 17. Jahrhundert durch die Züchtungsarbeit niederländischer Bauern. Vorher gab es weiße, gelbe und violette Möhren. Die weißen hatten ihren Ursprung

Betanin gibt der Rübe die rote Farbe.

Frisch aus der Erde: knackige Karotten

in Europa. Die gelben und violetten stammen mit ziemlicher Sicherheit aus dem afghanischen Raum. Irgendwann entstanden durch Mutation, spontane Verkreuzungen und Auslese zahlreiche Kulturformen, meist genau an bestimmte Klima- und Bodenverhältnisse angepasst und für bestimmte Anbaubedingungen und Verwendungszwecke geeignet: zarte rundliche Frühkarotten, länglich stumpfe Speisemöhren und große ertragreiche Futtermöhren.

Bewährt hat sich der Anbau in Dammkultur. Das bringt nicht nur lange, wohlgeformte Rüben, sondern erleichtert auch die Ernte ungemein. Die Aussaat kann sehr früh erfolgen, da die Samen schon bei niedrigen Temperaturen keimen, sie richtet sich aber nach der Sorte. Im Wesentlichen unterscheidet man frühe, mittelfrühe und späte Möhrensorten. Nur die späten eignen sich zur Lagerung.

Für den Anbau ist tiefgründiger, humusreicher, kalkhaltiger, lehmiger Sand optimal. Da Karotten sehr langsam keimen, ist eine Beisaat (z. B. Radieschen) vorteilhaft, um die Reihen zu markieren und zeitig mit Bodenlockerung und Unkrautbekämpfung beginnen zu können. Sobald die Sämlinge einige Zentimeter groß sind, verzieht man sie je nach Sorte auf einen Abstand von 2–3 cm. Haben sich bis dahin schon kleine Rübchen gebildet, sind diese eine erste zarte Delikatesse aus dem Garten.

Die Kulturarbeiten beschränken sich auf Jäten, Gießen und Hacken oder Mulchen. Geerntet werden die frühen Sorten nach Bedarf, die späten so spät wie möglich, denn erste Nachtfröste schaden ihnen nicht. Nur gesunde, unbeschädigte Wurzeln sollten ins Winterlager

Bunte Möhren in Kräuter-Hollandaise

ZUTATEN

500 g bunte Möhren
5 EL Weißwein
1 Eigelb
100 g Butter, geschmolzen
gehackte Kräuter nach Belieben
Salz, Pfeffer

ZUBEREITUNG

- Möhren waschen, schälen und in Scheiben hobeln.
- In etwas Wasser bissfest garen und abseihen.
- Wein und Eigelb vermengen und im Wasserbad erwärmen. Die flüssige Butter unter ständigem Rühren zugeben.
- Weiterrühren, bis die Hollandaise leicht sämig wird.
- Gehackte Kräuter unterrühren, mit Salz und Pfeffer abschmecken und über die bunten Möhren geben.

Möhrenvielfalt für Genießer

wandern. Dort können sie bei guten Lagerbedingungen (frostfrei, aber kühl und leicht feucht, etwa eingeschlagen in Sand) bis März/April bleiben.

Bei der Verwendung von Möhren stößt man kaum an Grenzen. Es ist schließlich kein Zufall, dass sie hierzulande das meistgegessene Wurzelgemüse sind. Frisch gepresst zu Saft, als knackige Rohkost, als Suppe, Gemüse, im Kuchen oder gar als Marmelade liefert die Möhre wertvolle Mineralstoffe und Vitamine. Am bekanntesten ist sicherlich ihr Gehalt an Betacarotin, das im Körper zu Vitamin A umgewandelt wird. Da es fettlöslich ist, gibt man bei der Zubereitung von Gelben Rüben besser immer Öl, Butter oder Sahne dazu.

Das Küttiger Rüebli

Das 'Küttiger Rüebli' stammt aus Küttigen im Kanton Aargau (Schweiz). Es ist eine alte, robuste Schweizer Möhrensorte, nicht typisch orangefarben, sondern elfenbeinfarben bis weiß. Die großen, konischen Wurzeln dieser Sorte haben einen intensiven, aromatischen Geschmack, der eher erdig ist und wenig süß. Daher ist sie besser zum Kochen als zum Rohessen geeignet.

In Zeiten, als das Getreide noch mit der Sense geerntet wurde, streute man die Küttiger-Rüebli-Samen im Winter über den Schnee in den jungen Wintergerste-Bestand. Wurde im Frühsommer die reife Wintergerste geerntet, waren die Rüebli 10–15 cm hoch. Sie bekamen nun Platz und Licht und wuchsen zügig weiter. Die »Gerstenrüebli«, wie sie auch hießen, wurden gehackt und gejätet und lieferten im Herbst die zweite Ernte vom Feld. In Mieten eingeschlagen, waren sie ein geschätztes Wintergemüse, das äußerst vielseitig genutzt wurde und zum Teil die spärlichen Kartoffeln ersetzte. Die Rüebli wurden auch wie Speiserüben oder Kraut gehobelt, milchsauer vergoren und versorgten die Menschen im Winter mit Vitaminen. Angekochte Rüebli wurden in Stängelchen geschnitten und auf dem Ofen getrocknet: Dörrgemüse statt Dörrobst.

Eine Zeit lang wurde das Küttiger Rüebli auch als Futterrübe für die Pferde verwendet und fast wäre es verschwunden, das 'Küttiger Rüebli'. Doch in den 80er-Jahren wurde den Küttiger Bäuerinnen bewusst, welch spezielles Rüebli sie da haben. Mit viel Einsatz und Glück gelang es ihnen, den Anbau dieser einzigartigen, lokalen Spezies wiederzubeleben und die Sorte zu erhalten. Heutzutage serviert man feinen Küttiger-Rüebli-Salat als Spezialität zu Rösti oder eingemachte Ruebli in weißer Sauce zu Blut- und Leberwürsten.

Gut gesteckt ist halb geerntet

Kohlrübe (*Brassica napus* var. *napobrassica*, Syn. *Brassica napus* subsp. *rapifera*)
Synonyme: Steckrübe, Dotsche, Wruke, Erdkohlrabi

Die Kohlrübe ist wohl ein zufällig entstandener Bastard aus Rübsen *(Brassica rapa)* und Wildkohl *(Brassica oleracea)*. Gemeinsam mit dem Kohl hat sie ihre blaugrün bereiften Blätter, die sie recht deutlich von der Speiserübe unterscheiden. Ihr Zweitname »Steckrübe« kommt von »in die Erde stecken«, denn Kohlrüben wurden in der Regel nicht direkt aufs Beet gesät, sondern kamen erst nach einer Vorkultur im Frühbeet an ihren endgültigen Standort. Das hatte den Vorteil, dass sie als Nachkultur z. B. nach Erbsen, Dicken Bohnen oder Frühkartoffeln geeignet waren. Als sogenannte Dreimonatspflanze genügte ihr diese Kulturzeit, um ordentliche Erträge zu liefern.

Vielen ist die Kohlrübe aus den Geschichtsbüchern bekannt, da sie im legendären »Steckrübenwinter« 1916/17 die wegen Missernte fehlenden Kartoffeln ersetzen musste und als billiges Essen dreimal am Tag auf den Tisch kam. Danach haftete der Rübe das Stigma von Mangel, Hunger und Not an. Eine Erinnerung an schlechte Zeiten eben, die dafür sorgte, dass die Kohlrübe nicht nur in Vergessenheit geriet, sondern regelrecht verpönt war und fortan nur noch als Viehfutter angebaut wurde. Generationen später erwachte das Interesse an diesem alten Gemüse wieder, das im Winter Vitamin C, Kalzium, Kalium, Senföle und noch einiges mehr aus heimischem Anbau liefert.

Das gelbliche Fleisch schmeckt leicht süß, erinnert ein wenig an Kohl und ein wenig an Möhren. Es nimmt beim Garen überraschend schnell die Aromen anderer Zutaten an, seien es Gemüse oder Gewürze. Diese Eigenschaft macht sie vielseitig einsetzbar: geraspelt als Salat, gedünstet als Gemüse oder zu Püree gestampft.

Rüben-Traditionen

Speiserübe (*Brassica rapa* subsp. *rapa*)
Synonyme: Weiße Rübe, Wasserrübe, Krautrübe, Herbstrübe, Stoppelrübe, Ruam

Zusammen mit der Kohlrübe *(Brassica napus* var. *napobrassica,* Syn. *Brassica napus* subsp. *rapifera)* gehört die Speiserübe zur Familie der Kreuzblütler *(Brassicaceae)*. In alten Schriften herrscht oft ein solches Durcheinander, was Rübenbezeichnungen und Beschreibungen betrifft, dass nicht mehr nachvollziehbar ist, welche gemeint ist. Fest steht, beide spielten schon früh eine große Rolle in der Ernährung: Vor Einführung der Kartoffel galten sie als Grundnahrungsmittel der Landbevölkerung.

Weiße Mairüben, in Frankreich 'Navets' genannt

Der Name »Speiserübe« ist der Sammelbegriff für zahlreiche Unterarten, die meist nur regional angebaut wurden. Da gibt es etwa das bekannte 'Teltower Rübchen', eine alte Sorte aus der Umgebung der Stadt Teltow südlich von Berlin. Es ist besonders für leichte

Das 'Teltower Rübchen'

Klein, aber fein könnte man sagen beim 'Teltower Rübchen', denn es wird nur etwa 3 cm dick und 5 cm lang. Diese brandenburgische Spezialität wurde nach der Stadt beziehungsweise der Region Teltow benannt, einer eiszeitlichen Hochfläche zwischen den Flüssen Dahme, Spree und Nuthe. Das 'Teltower Rübchen' soll bereits im 13. Jahrhundert in der Mark Brandenburg angebaut worden sein. Im Anschluss an die Getreideernte auf den Acker gesät, lieferte es wertvolle zusätzliche Nahrung für den Winter: ein Armeleuteessen – zumindest anfangs. Der unverwechselbare Wohlgeschmack blieb auch den Reichen nicht verborgen und schon bald waren die Rüben als Delikatesse an den herrschaftlichen Höfen bekannt.

Der Anbau breitete sich aus. Goethe liebte die unscheinbaren Rübchen so sehr, dass er sie sich nach Weimar schicken ließ. Napoleons Truppen brachten sie als »navets de Teltow« an den Hof des Kaisers mit und die Franzosen waren begeistert. Das Teltower Edelgemüse war berühmt. Der Anbau wurde weiter ausgeweitet. Doch die Ernte war beschwerlich, auf

Goethes Liebling: 'Teltower Rübchen'

Knien musste man über das Feld rutschen, um die breitwürfig gesäten Rüben einzeln herauszuhacken. Mechanisierung war gefragt. Doch bevor die das Problem löste, änderte sich alles. Die DDR wurde gegründet und mit ihr große Produktionsgenossenschaften, denen der Anbau von 'Teltower Rübchen' ziemlich egal war.

Überlebt hat das Rübchen dank einiger Bauern und Gärtner, die es sich nicht nehmen ließen, es nach wie vor für den Eigenbedarf anzubauen und zu vermehren. Auf der Grünen Woche 1999 wurde es erstmals wieder präsentiert und 2008 nahm »Slow Food« das 'Teltower Rübchen' in seine »Arche des Geschmacks« auf.

Sandböden geeignet und wächst nur dort zu voller Güte heran. Im Gegensatz dazu hegt die 'Sellrainer Rübe' aus Sellrain im Gschnitztal in Nordtirol gänzlich andere Boden- und Klimaansprüche. Wer sich auf die Suche macht nach alten Rüben-Schätzen, stößt außerdem auf Kandidaten wie die 'Bayerische Rübe', die 'Gatower Kugel', die 'Ulmer Ochsenhörner', die 'Stoppelrübe aus der Wildschönau' und sicherlich noch viele mehr. Einige von ihnen erleben zurzeit eine wahre Renaissance, andere warten noch auf ihr Comeback.

Grob unterteilt man Speiserüben in Mairüben, Herbstrüben und Stielmus. Die **Mairüben** können, wie ihr Name schon sagt, nach einer Aussaat im zeitigen Frühjahr bereits im Mai geerntet werden. Man kann die zartschmelzenden Rüben roh essen. Sie schmecken ein bisschen wie Kohlrabi mit einem Hauch Meerrettich. Man kann sie aber auch als feine Gemüsebeilage genießen.

Herbstrüben kamen üblicherweise als sogenannte Stoppelfrucht im August nach der Getreideernte auf den Acker. Im Garten sind sie eine gute Folgekultur nach Frühkartoffeln. Sie stellen keine hohen Ansprüche an Klima und Boden und sind deshalb auch für raue Lagen und magere, sandige Böden geeignet.

Man sät direkt – Herbstrüben lassen sich im Gegensatz zu Steckrüben nicht verpflanzen – am besten in Reihen und verzieht nach dem Aufgang je nach Sorte auf 15–20 cm. Spätestens bei den ersten Frösten wird geerntet. Da die Rüben nicht tief im Boden sitzen, lassen sie sich meist ohne Rübengabel herausziehen. Die Blätter werden entfernt und die Rüben eingelagert.

In einigen Gegenden konserviert man die Herbstrüben wie Sauerkraut. Zusammen mit Salz und manchmal auch Kümmel presst man Rübenschnitzel in einen irdenen Topf und überlässt sie der Milchsäuregärung. Zusammen mit gekochtem Geräucherten war dies einst ein beliebtes Winteressen. Herbstrüben kann man aber auch unvergoren essen. Gedünstet harmonieren sie gut zu gekochtem Rindfleisch und als Püree zu fetten Gerichten wie Ente oder Gans.

Beim sogenannten **Stielmus** oder **Rübstiel** werden nicht die Rüben, sondern die Blattstiele von rasch herangewachsenen Mai- oder Herbstrüben genutzt. Da es in nur wenigen Wochen erntereif ist, eignet es sich besonders gut als Vor- oder Zwischenkultur im Garten. Damit üppige Stängel ausgebildet werden und keine Rübchen, sollte die Aussaat sehr dicht erfolgen. Zur Ernte werden die Blattstiele unter Schonung der Herzblätter abgeschnitten und dann die Blätter vom Stängel abgestreift. Zurück bleiben kahle Stiele, die zu »Mus« verarbeitet werden. Ganz jung finden aber auch die vollständigen Blätter, ähnlich wie Spinat, in der Küche Verwendung.

Die 'Bayerische Rübe'

Es gibt wohl kein bayerisches Kochbuch um 1900, in dem keine Rezepte für die 'Bayerische Rübe' zu finden sind. In ganz Bayern scheint sie verbreitet gewesen zu sein. Die Gemeinde Pfatter in der Oberpfalz führt sie sogar in ihrem Wappen. Welch eine Ehre für eine unscheinbare Speiserübe. Doch sie ist eben nicht irgendeine. Sie ist eine »ganz ausgezeichnete und sehr haltbare Speiserübe für den Winterbedarf« (Becker-Dillingen).

Im Gegensatz zu den normalen Herbstrüben ist sie nur gut 15 cm lang und etwa 5 cm dick. Ihre Schale ist beige bis schwarz, ihr Fleisch weiß, sehr würzig und nicht zerkochend. Lauter gute Eigenschaften und es hat doch nur zum »Ruam Tauch«, einer Einbrennsuppe zum Eintauchen von »Schuchsen« (Schmalznudeln) gereicht. Eine Fastenspeise, wie sie werktags meist auf dem Tisch stand. In wenigen Betrieben im Dachauer Land hat sie überlebt, die 'Bayerische Rübe', sogar die TU München hat sich ihrer angenommen. Nun bleibt zu hoffen, dass auch die Köche sie wieder entdecken, interessante Rezepte für sie kreieren, sie sozusagen neu erfinden. Denn dann liegt die Zukunft der 'Bayerischen Rübe' nicht in der Genbank, sondern auf unseren Tellern.

Blattnutzung bei Rüben: Stielmus

Perfektes Wintergemüse: 'Bayerische Rüben'

Dicht gesäte Rüben ergeben Stielmus.

Wiederentdecktes Wintergemüse: Kohlrüben

Unterirdisch gut

Kerbelrübe *(Chaerophyllum bulbosum)*
Synonyme: Knollenkerbel, Rübenkerbel, Französische Petersilienwurzel

Die Kerbelrübe, ein weitgehend in Vergessenheit geratenes Wurzelgemüse, erlebt derzeit ein leises, aber bestimmtes Comeback in Gärten und auf Märkten. Ihre graubraune, rundlich-spindelförmige Knolle erinnert äußerlich an eine kleine Steckrübe oder Pastinake, doch ihr Inneres überrascht mit zartem, cremeweißem Fleisch und einem feinen, süßlich-nussigen Aroma, das Kenner an Maronen oder Esskastanien erinnert. Botanisch zählt die Kerbelrübe zur Familie der Doldenblütler *(Apiaceae)*, gemeinsam mit Möhren und Pastinaken. Ihre Heimat liegt in Mittel- und Osteuropa, wo sie früher häufiger kultiviert wurde – heute jedoch ist sie eine echte Rarität.

Wiederentdeckt: die Kerbelrübe

Wie bei vielen alten Gemüsen wurde die Kerbelrübe zunächst als Heilpflanze geschätzt. Ihre Wurzeln galten als stärkend, verdauungsfördernd und harntreibend. Erst später erkannte man ihren kulinarischen Wert – und auch dieser ist nicht zu unterschätzen. Ihr hoher Gehalt an Kohlenhydraten und Mineralstoffen macht sie zu einem nahrhaften und wohlschmeckenden Gemüse. Besonders interessant: Nach der Ernte steigt durch Lagerung der Zuckergehalt in der Wurzel deutlich an und die Knollen entwickeln erst so ihr volles Aroma.

Im Anbau zeigt sich die Kerbelrübe etwas eigenwillig. Da sie ein Frostkeimer ist, empfiehlt sich eine Aussaat im Spätherbst direkt ins Freiland. Sie liebt einen tiefgründigen, lockeren, nicht zu nährstoffreichen Boden. Geduld ist gefragt, denn die Keimung kann mehrere Wochen dauern. Eine kalte Stratifikation des Saatguts im Kühlschrank erhöht die Keimchancen. Jungpflanzen wachsen langsam, benötigen wenig Pflege, profitieren aber von regelmäßigem Hacken und gelegentlichem Gießen in Trockenphasen.

Geerntet wird spät – meist erst im Oktober oder November, wenn das Laub abgestorben ist. Dabei ist Vorsicht geboten, denn die Knollen sind empfindlich und leicht verletzlich. Die Mühe lohnt sich: Gut gelagert (kühl, feucht, dunkel) sind sie mehrere Monate haltbar und gewinnen in dieser Zeit an Süße und Aroma. Für Wühlmäuse sind sie – ähnlich wie die Schwarzwurzel – ein wahrer Leckerbissen, daher empfiehlt sich eine geschützte Lagerung.

In der Küche ist die Kerbelrübe eine delikate Entdeckung. Gedämpft, gebraten oder püriert entfaltet sie ihr volles Potenzial. Besonders beliebt ist sie als feines Püree, in Suppen, Aufläufen oder einfach nur in Butter geschwenkt. Auch roh geraspelt – ähnlich wie Sellerie oder Kohlrabi – überzeugt sie mit einem nussigen Crunch. Da ihr Aroma sehr eigenständig ist, braucht sie keine großen Begleiter – ein wenig Salz, Butter oder Sahne reichen, um ihren Charakter zu unterstreichen.

INTERESSANTE ALTE KARTOFFELSORTEN

Gelbschalig

'Ackersegen' (Tartuffi Naturwaren)	Kartoffelsorte aus Deutschland von 1923 – kongeniale, mehlige Schwester von Sieglinde
'Bamberger Hörnchen' (Tartuffi Naturwaren)	die älteste in Deutschland verbreitete Sorte; seit 1850 im Raum Bamberg bekannt, aufgrund ihres hervorragenden Geschmacks bei Feinschmeckern beliebt und Arche-Passagier
'Heideniere' (Ellenberg)	Deutschland 1945; festkochend; gelbe Schale; gelbes Fleisch; längliche Knolle; feinwürziger, speckiger Geschmack; Reife mittelfrüh; geeignet als Pell- und Salatkartoffel
'La Bonnote' (Ellenberg)	stammt von der französischen Insel Noirmoutier; Alter unbekannt; vorwiegend festkochend; gelbe Schale; gelbes Fleisch; runde Knolle mit etwas tieferen Augen; sehr guter, cremiger, auf der Zunge zergehender Geschmack; Reife mittelfrüh; geeignet als Pell-, Salz- oder Salatkartoffel
'La Ratte' (Ellenberg)	auch 'Asparges' genannt; Frankreich 1872; gelbe Schale, gelbes Fleisch; längliche und hörnchenförmige Knolle; sehr guter, speckiger Geschmack; Reife mittelfrüh; geeignet als Salat- oder Pellkartoffel
'Linda' (Ellenberg)	Deutschland 1974; festkochend; gelbe, glatte Schale; tiefgelbes Fleisch; lang-ovale Knolle; sehr guter, cremiger Geschmack; Reife mittelfrüh; gut lagerfähig; geeignet als Salat-, Salz-, Pell- oder Gratinkartoffel; Kartoffel des Jahres 2007
'Linzer Delikatess' (Bio Hof Jeebel)	Österreich 1975; Schale ockerfarben; Fleisch gelb; Knolle lang; mittelfrüh; festkochend; Speisewert sehr gut; hält sich reif geerntet sehr gut
'Mandelkartoffel' (Tartuffi Naturwaren)	aus Lappland/Finnland stammende Sorte von 1940; richtig in Szene gesetzt ist diese halbfeste, dunkelgelbe Sorte in der Küche optisch und kulinarisch ein Renner
'Quarta' (Bio Hof Jeebel)	Deutschland 1979; Schale gelb; Fleisch gelb; Knolle rund-oval; Reife mittelfrüh; vorwiegend festkochend; Speisewert gut; unverwechselbar durch rote Lidschatten
'Sieglinde' (Ellenberg)	Deutschland 1935; festkochend; gelbe Schale und gelbes Fleisch; lang-ovale Knolle; angenehmer, kräftiger Kartoffelgeschmack; Reife früh; geeignet als Salat-, Salz- oder Pellkartoffel

Rosa-/rotschalig

'Reichskanzler' (Bio Hof Jeebel)	Deutschland 1886; Schale rot; Fleisch weiß; rund-ovale Knolle; spät; mehlig; Speisewert gut; lieblicher, milder Geschmack; geeignet als Püree- oder Backkartoffel
'Rode Erstling' (Ellenberg)	auch 'Red Duke of York' genannt'; Schottland 1942; vorwiegend festkochend bis mehligkochend; rote Schale; gelbes Fleisch; rund-ovale Knolle; angenehmer, guter, cremiger Geschmack; Reife früh; geeignet als Püree- oder Salzkartoffel
'Rosa Tannenzapfen' (Ellenberg)	auch 'Pink fir Apple' genannt; England 1850; festkochend; rosa Schale; gelbes Fleisch; hörnchenförmige Knolle; sehr guter, würziger Geschmack; Reife spät; geeignet als Salat- oder Pellkartoffeln
'Wohltmann' (ProSpecieRara)	deutsche Züchtung; 1895 erstmals gehandelt; vorwiegend als Wirtschaftssorte verwendet; gedeiht auch in schweren Böden und in nassen Jahren

INTERESSANTE ALTE KARTOFFELSORTEN

Blauschalig

'Blauer Schwede' (Ellenberg)	auch 'Blue Congo' genannt; genaue Herkunft und genaues Alter unbekannt; vorwiegend festkochend; blaue Schale; blau-lila Fleisch; rund-ovale Knolle; kräftiger Kartoffelgeschmack; Reife mittelfrüh; geeignet als Salat-, Back-, Pell- oder Salzkartoffel
'Königspurpur' (Tartuffi Naturwaren)	alte deutsche Landsorte (um 1860); halbfestkochend; blaue Schale; rotes Fleisch mit gelbem Kern; rund-ovale Knollen; besonders geeignet als Pellkartoffel und für Püree
'Vitelotte' (Bio Hof Jeebel)	Frankreich 1900; auch »französische Trüffelkartoffel« genannt; Schale dunkelblau-violett; Fleisch violett; Knolle lang-oval; Reife spät; festkochend; Speisewert sehr gut; das Fleisch ist blau-weiß marmoriert; kräftiger, erdiger, kastanienartiger Geschmack

INTERESSANTE ALTE TOPINAMBURSORTEN

'Fuseau' (VEN e. V.)	französische Sorte; sehr schmackhafte Knollen; nussiges Aroma; Schale braun; Fleisch weiß; Knollen länglich, nicht verzweigt; Wuchshöhe 2,50 m, günstige Pflanzzeit Oktober; gut winterhart; Ernte Oktober bis Februar
'Gföler Rote' (Dreschflegel)	alte Sorte aus Österreich; kleine, lange, rote Knollen; Stängel hoch; Blüte- und Erntezeit früh; Geschmack stark nussig; wegen ihrer Tendenz, sich auszubreiten, ist diese Sorte ideal zur Begrünung von (zumeist kahlen) Hühnerausläufen geeignet; die Hühner vertreiben durch ihr Scharren die Wühlmäuse; die Topinamburpflanzen nehmen dem Habicht die Landungsmöglichkeit
'Helianthi' (Dreschflegel)	*Helianthus strumosus*; naher Verwandter von Topinambur; 2,50 m hoch; große, gelbe Blütenköpfe; die langen, unverzweigten Knollen sind sternförmig um die Mutterknolle angeordnet; cremefarben mit veilchenblauer Zeichnung; Blüte- und Erntezeit mittelspät; mildcremiger Geschmack; kurze Kochzeit

INTERESSANTE ALTE PASTINAKENSORTEN

'De Guernsey' (grüner Tiger)	sehr alte Pastinakensorte; Wurzeln gedrungen, glatt und weiß; sehr hohe Erträge
'Hollow crown' (Kokopelli)	glatte Wurzeln; spitz zulaufend; etwa 45 cm lang; Rübenschulter kurz und eingefallen; bekannt seit 1825
'Tender & True' (VEN e. V.)	alte viktorianische Sorte, zuerst 1897 erwähnt; zarte und süße cremeweiße Wurzeln; bis 24 cm lang; oben 7 cm breit; robuste Pflanze mit guten Erträgen

INTERESSANTE ALTE SCHWARZWURZELSORTEN

'Einjährige Riesen' (Arche Noah)	alte Sorte (seit 1904); Wurzel mittellang bis lang; häufig verjüngt; spindelförmig; Form relativ variabel; Wurzeldicke mittel bis dick; neigt zum Beinigwerden
'Hoffmann's Schwarze Pfahl' (Arche Noah)	lange, dicke, glatte Wurzeln; außen braun, Fleisch reinweiß; sehr schmackhaft
'Schwarzer Peter' (Dreschflegel)	alte Sorte mit halblangen, zylinderförmigen Wurzeln; auf schweren Böden leichter zu ernten als Sorten mit langen Wurzeln

INTERESSANTE ALTE ROTE-BETE-SORTEN

'Erfurter Lange Rote Dunkellaubig' (Dreschflegel)	alte, lange verschollene Form, die der französischen Sorte 'Crapaudine' ähnlich ist, aber völlig rot und feiner
'Chioggia' (ProSpecieRara)	alte französische Sorte; rund, spitz zulaufend; blutrotes, süßes und festes Fleisch; mittelstarke Ringelung; sitzt tief im Boden; dunkle, raue Schale, kleine, grüne Blätter; lange Kulturdauer
'Crapaudine' (Arche Noah)	alte französische Sorte; rund, spitz zulaufend; blutrotes, süßes und festes Fleisch; mittelstarke Ringelung; sitzt tief im Boden; dunkle, raue Schale, kleine grüne Blätter; lange Kulturdauer
'Ägyptische Plattrund' (Dreschflegel)	dunkelrot mit leichter Ringelung; die flach-runde Form ist für große Scheiben geeignet; leichte Ernte durch flachen Sitz im Boden; seit 1868 im Handel
'Albina Vereduna' (Dreschflegel)	weißfleischig; groß; rund; sehr süße Sorte
'Golden' (ProSpecieRara)	vermutlich die gelbe Variante der sehr alten Sorte 'Early Blood', die bereits im 18. Jahrhundert angebaut wurde; Blattrippen und Fleisch sind gelb; auch die feinen duftenden Blätter sind essbar; beim Kochen etwas Essig beigeben gegen das Ausbleichen

INTERESSANTE ALTE MÖHRENSORTEN

'Duwicker' (Dreschflegel)	für diese sehr alte Sorte wurde von Dreschflegel e.V. eine Sortenwiederzulassung erwirkt; kurze, kreiselförmige, hellorange und süße Frühkarotte; wird auch auf schweren Böden nicht beinig; leicht zu ernten; mehrere Folgesaaten möglich; verträgt ausgewachsen mäßigen Frost
'Gelbe Pfälzer' (Arche Noah)	gelbe Möhre, lang, spitz zulaufend; recht gutes Aroma
'Gniff Savosa' (ProSpecieRara)	alte, um Lugnano gehandelte Sorte; rauschalig; etwas nässeempfindlich; traditionell wurde sie gekocht und in Essig oder Olivenöl mit Knoblauch und Petersilie eingelegt; außen stumpfes Blau-Violett; weißes Herz

INTERESSANTE ALTE MÖHRENSORTEN

'Jaune du Doubs' (Arche Noah)	gelbe, kegelförmige Wurzel; süßer, angenehmer Geschmack; sehr alte Sorte aus dem 19. Jahrhundert; manchmal auch 'Jaune obtuse de Doubs' genannt
'Küttiger Rüebli' (Arche Noah)	Landsorte aus Küttigen (Schweiz); kegelförmig mit breiter Schulter; spitz zulaufend; Geschmack sehr mild; üppiges Blatt
'Lobbericher' (VEN e. V.)	alte Handelssorte aus Köln; mindestens seit 1923 bekannt; sehr robust; süßlich; gute Speise- und Futtermöhre; kaum Möhrenfliege; mittelgroß
'Ochsenherz' (grüner Tiger)	sehr alte, frühe Sorte mit breiten Schultern, stumpfer Wurzel und zartem Geschmack; von 1884; vom Aussterben bedroht; erreicht einen beträchtlichen Durchmesser von bis zu 10 cm (sie ist oft breiter als lang); enorm schnellwüchsig; bevorzugt leichte, lockere Böden sowie regelmäßige Bewässerung, um gleichmäßig zu wachsen
'Pariser Markt' (ProSpecieRara)	schon im 19. Jahrhundert durch Vilmorin (französische Saatgutfirma) beschrieben als die früheste und kürzeste der im Anbau befindlichen Karotten; Wurzel breiter als lang; an beiden Enden ein wenig abgeflacht; schöne orangerote Farbe
'Saint Valery' (VEN e. V.)	vermutlich eine historische Sorte aus dem Jahr 1881 und eine verbesserte Version einer Sorte, die im 16. Jahrhundert erwähnt wurde; rote, spitz zulaufende Möhre; liebt lockeren, tiefgründigen Boden; hervorragender Geschmack; ertragreiche Universalsorte für den Hausgarten

INTERESSANTE ALTE SPEISERÜBENSORTEN

Mairüben

'Goldball' (Dreschflegel)	bildet runde, gelbe Rüben mit aromatischem, fast weißem Fleisch
'Bosco Gurin' (ProSpecieRara)	wird auch 'Guriner Raaftschi' genannt; wurde seit Generationen in Bosco Gurin erhalten; an raues Bergklima angepasst; Rübe zweifarbig: oben rosa, unten weiß; abgeflachte, dicke Form
'Namenia' (Dreschflegel)	schnellwüchsiges Blattstielgemüse, wird nach 5–7 Wochen ab 15 cm Höhe schnittreif; gedünstet oder als Salat; schmeckt milder als Schnittkohl

Herbstrüben

'Bayerische Rübe' (Arche Noah)	fingerlange Rübe, die etwa 3,5 cm dick wird; Schale variiert von weißbeige über braun zu schwarz; Aussaat traditionell zwischen 1. und 10. August; Anfang des 20. Jahrhunderts in Bayern weitverbreitet, heute fast ausgestorben
'Bortfelder' (Dreschflegel)	lange, gelbfleischige Rüben mit festem aromatischem Fleisch und leichter Schärfe; braucht etwas mehr Wachstumszeit; gut lagerfähig
'Teltower Rübchen' (Arche Noah)	gelblich gefärbt; länglich spitz zulaufende Wurzel mit gutem Geschmack; Aussaat Juli, August; alte Sorte aus Teltow
'Ulmer Ochsenhörner' (Dreschflegel)	die lange, mitunter leicht gebogene Form der weiß-violetten Rüben hat der Sorte den Namen gegeben; mild und sehr schnellwüchsig

Etagenzwiebel, eine außergewöhnliche Lauchart, die anstelle von Blüten kleine Brutzwiebeln in mehreren »Etagen« ausbildet. So sorgt sie selbst für ihre Vermehrung – und sieht dabei noch richtig originell aus.

Zwiebelgemüse

Zwiebeln gehören zur Familie der Amaryllisgewächse *(Amaryllidaceae)* und zählen zu den ältesten Kulturpflanzen – sie werden seit über 3000 Jahren angebaut. Zwiebelgemüse, allen voran der Knoblauch, diente schon beim Pyramidenbau im alten Ägypten als Nahrung. Es sollte die Arbeiter körperlich stärken und vor Infektionskrankheiten schützen. Tatsächlich sind Zwiebeln und Co. pflanzliche Antibiotika: Sie hemmen die Vermehrung von Bakterien, Viren und Pilzen und stärken das Immunsystem.

Wild wachsen Zwiebeln hauptsächlich in Zentral- und Westasien. Die Römer brachten sie über die Alpen und bereits in der Landgüterverordnung Karls des Großen sind drei verschiedene Arten aufgeführt, die damals jedoch hauptsächlich als Heil- und Gewürzpflanzen, weniger als Gemüse verwendet wurden.

Heute unterteilt man die große Zwiebelfamilie in Speisezwiebel, Schalotte, Etagenzwiebel, Winterheckzwiebel, Porree, Perlzwiebel, Knoblauch und Schnittlauch. In neuester Zeit ist der Knolau hinzugekommen, ein Verwandter aus Asien. Allen gemein sind ihre Inhaltsstoffe, die Sulfide. Das sind schwefelhaltige Verbindungen, die ein sehr charakteristisches Aroma besitzen und mehr oder weniger scharf schmecken. Entweder man mag diesen Geschmack oder man kann ihn – wie bei Knoblauch oft der Fall – nicht riechen.

Wild, würzig, bärig!

Bärlauch *(Allium ursinum)*
Synonyme: Waldknoblauch, Ramsen

»Sammler werden vor den fatalen Folgen durch Verwechslung von Bärlauch mit giftigen Pflanzen gewarnt.« So oder so ähnlich hört und liest man es alljährlich im März, April zu Beginn der Bärlauchsaison. Mit etwas Übung ist es jedoch nicht allzu schwierig, die Blätter des leckeren Bärlauchs von denen der giftigen Maiglöckchen *(Convallaria majalis)* oder Herbstzeitlosen *(Colchicum autumnale)* zu unterscheiden. Sehr einfach ist die Geruchsprobe. Zwischen den Fingern zerriebene Bärlauchblätter »knofeln« stark. Dieser unverkennbare Duft fehlt den anderen Pflanzen völlig. Diese Methode hat allerdings ihre Tücken, denn der Geruch haftet stark an den Händen und kann bei weiteren Tests zu einem falschen Ergebnis führen. Bärlauchsammler sollten die Pflanze also mit all ihren Merkmalen gut kennen, um sie sicher von Doppelgängern unterscheiden zu können. Andernfalls gilt, wie bei Wildbeeren oder Pilzen: Hände weg! Pflanzen, die man nicht exakt bestimmen kann, isst man besser nicht.

Noch vor einer Generation galt der Bärlauch als Armeleuteessen, inzwischen liegt er voll im Trend. Es gibt kaum eine Speisekarte, auf der im Frühling Bärlauchsuppe, Bärlauchquark oder Bärlauchpesto fehlen. Am besten genießt man den Bärlauch roh, denn gekocht verliert er stark an Aroma und Inhaltsstoffen. Das Besondere an ihm ist, dass er trotz seines knoblauchähnlichen Geschmacks kaum unangenehme Körpergerüche zur Folge hat. Ist das vielleicht der Grund für seine Beliebtheit? Oder ist es die saisonal kurze Verfügbarkeit? Bärlauch zu konservieren ist nämlich schwierig. Weder getrocknet noch gefrostet bewahrt er sein Aroma optimal. Am ehesten eignet sich die Verarbeitung zu Pesto.

In der Natur kommt der Bärlauch häufig in Buchen- oder Auwäldern vor. Auf nährstoffreichen, eher kalkhaltigen und feuchten Böden nutzt er die Zeit vor dem Laubaustrieb der Bäume für sich: Er liebt es hell und frisch. Fühlt der Bärlauch sich wohl, erscheint er in Massen.

Selbstverständlich kann man sich diese Wildpflanze auch in den Garten holen – aus der Gärtnerei versteht

Wild und würzig: Bärlauch

Deko und Würze zugleich: Bärlauchblüten

Fühlt er sich wohl, erscheint er in Massen.

Bärlauch oder Maiglöckchen?

sich. Ein schattiges, feuchtes Fleckchen im lichten Schatten liefert die besten Bedingungen. Mit der Ernte sollte man die ersten zwei Jahre etwas zurückhaltend sein, bis die Pflanze richtig Fuß gefasst hat. Diese gezähmte Variante hat viele Vorteile: Man plündert keine Wildbestände, das Kraut kommt absolut frisch vom Garten in die Küche und die Gefahr einer Verwechslung mit giftigen Pflanzen ist gebannt.

Schichtweise Schärfe

Küchenzwiebel *(Allium cepa)*
Synonyme: Speisezwiebel, Zipolle, Bollen

Der bekannteste Vertreter der Zwiebeln ist die Küchenzwiebel *(Allium cepa)*. Sie existiert ausschließlich als Kulturpflanze, Wildvorkommen gibt es keine. Botanisch betrachtet ist sie ausdauernd, in Kultur wird sie jedoch nur ein- oder zweijährig gezogen. Ihre Sprossachse ist extrem gestaucht. Der Zwiebelscheibe entsprießt eine Rosette aus 10 bis 15 ineinandergreifenden Laubblättern. Diese Rosette dient als Speicherorgan und beinhaltet die charakteristischen Inhaltsstoffe: schwefelhaltige ätherische Öle, die den typischen Geruch verursachen und für die Heilkraft verantwortlich sind. Allizin etwa besitzt antibiotische sowie antivirale Eigenschaften und lässt beim Zwiebelschneiden die Tränen fließen, was Augen und Nase klärt. In der Volksmedizin wird die Zwiebel äußerlich wie innerlich angewendet: als lindernde Auflage bei Wespen- und Bienenstichen oder Mittelohrentzündung ebenso wie als schleimlösender Sirup bei Erkältung.

In Mitteleuropa wird die Zwiebel seit je hoch geschätzt und schon früh war sie nicht nur Heil- und Gewürzpflanze, sondern auch Gemüse. Etwa ab dem 15. Jahrhundert begann man in Holland in Form, Farbe und Geschmack variierende Sorten zu züchten. Und im 19. Jahrhundert kristallisierten sich Hauptanbaugebiete heraus, deren Namen noch heute in alten Sorten auftauchen, etwa in 'Stuttgarter Riesen', 'Braunschweiger Dunkelblutrote' oder 'Dresdner Plattrunde'. Äußerst vielseitig wurde das Zwiebelsortiment im Laufe der Entwicklung. Das sieht man allein an den verschiedenen Zwiebelformen. Man findet birnenförmige, hochrunde, runde, plattrunde und platte. Gleichzeitig gibt es gelbe, rote und auch weiße Zwiebeln. Außerdem wären da noch die Gemüsezwiebel, die Lauchzwiebel und die Schalotte. Eine Vielfalt, die ihresgleichen sucht.

Bei der Kultur der Speisezwiebel unterscheidet man zwei Anbauarten. Während in landwirtschaftlichen Betrieben fast ausschließlich Saatzwiebeln gezogen werden, hat sich im Hausgarten vor allem der Anbau von Steckzwiebeln durchgesetzt. Leider ist das Steckzwiebelangebot sehr begrenzt. Möchte man ausgefallene Sorten ernten, sollte man sich nicht scheuen, Zwiebeln zu säen – entweder direkt ins Beet oder zur Vorkultur in Töpfe.

Entscheidet man sich für den Steckzwiebelanbau, ist es wichtig, geeignetes Pflanzmaterial zu haben. Klein und gesund sollten die Steckzwiebeln sein, denn zu große schossen schnell und mit Krankheitserregern infizierte gedeihen schlecht oder gar nicht. Im Idealfall sind die Zwiebeln so groß wie Haselnüsse und wurden gut gedarrt, um die Schossgefahr zu reduzieren. Dies kann man auch zu Hause nachholen, indem man die Steckzwiebelchen zeitig besorgt und vor dem Auspflanzen einige Wochen bei über 25 °C lagert.

Gesteckt wird, sobald keine Fröste mehr zu erwarten sind: in Reihen etwa alle 6 cm eine Zwiebel. Nach alter Gärtnerregel sollen sich die Zwiebeln zur Reife »gegenseitig aus dem Boden drängen«. Wer Zwiebeln aussäen will, muss früh (im März) starten, damit die Keimlinge noch die Winterfeuchte nutzen können und die Pflanzen in den Langtag des Frühsommers hineinwachsen, den sie zur Zwiebelbildung brauchen. Ein altes Sprichwort lautet »Benedikt macht die Zwiebeln dick«. Der 21. März ist also das beste Datum für die Aussaat. Die Samen keimen am besten, wenn sie flach gesät werden, 2–3 cm tief ist ideal. Eine Beimengung von Markiersaat erleichtert die Unkrautbekämpfung bei dem äußerst langsam keimenden Gemüse. Ein Verziehen ist im Hausgarten unumgänglich, da es kaum gelingt, die Samen von vornherein im richtigen Abstand zu säen. Mit dem Anziehen von Zwiebeljungpflanzen kann man bereits Ende Februar im Gewächshaus oder im Frühbeet beginnen. Man sät dazu breitwürfig in Kisten und setzt die Pflänzchen dann in Reihen im Abstand von 5 cm oder etwas weiter, je nach Sorte. Nicht zu tief, denn das nehmen sie übel: Sie bilden dann keine schönen Zwiebeln aus.

Egal ob gesteckt, gesät oder gepflanzt, in jedem Fall liebt die Zwiebel warme, sonnige Lagen und eher leichte Böden. Und obwohl sie keinen allzu großen Wasserbedarf hat, schätzt sie eine ausgewogene Wasserversorgung. Mit der Zwiebelernte für die Einlagerung kann begonnen werden, wenn das Laub einzuziehen beginnt, wenn es sich also gelb verfärbt. Ein Niederwalzen oder Niedertreten des grünen Laubes, wie es früher zur Reifebeschleunigung empfohlen wurde, ist nicht sinnvoll. Es geht zu Lasten der Haltbarkeit im Lager. Die geernteten Zwiebeln müssen vor dem Einlagern gut abtrocknen. Besser als am Beet tun sie das auf Rosten oder in Kisten, die man in die Sonne stellt und bei Regen wegräumt. Der endgültige Lagerort sollte kühl, trocken und gut belüftet sein. In Kisten, Netzen oder zu Zöpfen geflochten, überstehen die Zwiebeln einige Monate.

Trocknen ist wichtig.

Die 'Höri Bülle'

Im Handel findet man keine Samen der 'Höri Bülle', denn diese Zwiebel ist etwas ganz Besonderes. Seit Jahrzehnten wird die rote Speisezwiebel auf der Bodensee-Halbinsel Höri angebaut. Das milde Klima und der Moorboden haben sie geprägt. Ihr Aroma ist für eine Zwiebel ungewöhnlich zart und gekennzeichnet von einer feinen, unaufdringlichen Schärfe. Dies macht die 'Höri Bülle' besonders geeignet zum Rohverzehr, z. B. in Fischsemmeln oder Salaten. Manche behaupten sogar, man könne von ihr abbeißen wie von einem Apfel. Ein weiterer Pluspunkt: Anders als viele andere rote Zwiebeln färbt sie beim Aufschneiden nicht ab.

Die namensgebende Region Höri ist bereits im 8. Jahrhundert als Gemüseanbaugebiet in Schriften des Klosters Reichenau dokumentiert. Über Generationen hinweg wurde die 'Höri Bülle' ausschließlich durch eigene Nachzucht vermehrt. Dies ist arbeitsintensiv und erfordert einiges an Sachkenntnis. Das war Grund genug für viele Zwiebelanbauer, auf moderne Hybridsorten umzusteigen. Inzwischen ist »Slow Food« auf die 'Höri Bülle' aufmerksam geworden und hat sie in die »Arche des Geschmacks« aufgenommen.

In der Küche wird die Zwiebel äußerst vielfältig verwendet. Zu deftigen Speisen gehört sie eigentlich immer dazu. Doch nicht nur als Beiwerk, sondern auch als Solist macht sie auf dem Teller eine gute Figur: in Form von Zwiebelkuchen, Zwiebelstrudel, gefüllten Zwiebeln, karamellisierten Zwiebeln und natürlich als Französische Zwiebelsuppe.

In luftiger Höhe

Etagenzwiebel (*Allium cepa* var. *viviparum*)
Synonyme: Luftzwiebel, Ewige Zwiebel

Über den Gartenzaun wurde die Etagenzwiebel einst weitergereicht, von Bäuerin zu Bäuerin. Heute ist sie eine Rarität, die man nicht im Handel, aber gelegentlich noch in alten Bauerngärten findet. Die Stängel der Etagenzwiebel sind rund und hohl, so wie bei ihrer Schwester, der Küchenzwiebel. Im Gegensatz zu ihr ist sie aber winterhart. Das Besondere an ihr ist ihre Vermehrungsform. Statt Blüten trägt sie an ihren Blütenstängeln Brutzwiebeln, die ihrerseits austreiben und wieder Brutzwiebeln tragen: mehrere Etagen an einer Pflanze.

Irgendwann werden die Brutzwiebelchen so schwer, dass die Stängel umkippen. Bei Bodenkontakt bilden die Brutzwiebeln Wurzeln und der Kreislauf beginnt von Neuem. Die Etagenzwiebel ist aber nicht nur außergewöhnlich, sondern auch praktisch. Das ganze Jahr über stellt sie frische Zwiebelwürze zur Verfügung. Denn man kann alles von ihr verwenden: die Zwiebel im Boden wie jede andere Zwiebel auch, das Schlottengrün wie Schnittlauch für den Kräuterquark und die kleinen, sehr aromatischen Brutzwiebelchen für Salate, Saucen oder eingelegt als Silberzwiebeln.

Die kuriose Pflanze macht sich sehr gut im Küchengarten. Ihre »Blütenstände« passen wunderbar zum filigranen Laub des Knollenfenchels oder zu den blauen Blättern des Kohlrabis. Im Staudenbeet kann die Etagenzwiebel wie Zierlauch verwendet werden. Zusammen mit Katzenminze ergibt sich ein schönes Bild. Will man sich diese Rarität in seinen Garten holen, lässt man sich am besten ein paar Brutzwiebelchen schenken, denn nur exklusive Kräuter- oder Staudengärtnereien führen diese ausgefallene Pflanze in ihrem Sortiment. Im Frühjahr oder im frühen Herbst können die Brutzwiebeln (Bulbillen) wie Steckzwiebeln gesetzt werden. Sie lieben ein sonniges Plätzchen und gedeihen in fast jedem Gartenboden. Wichtig ist es, sie nach drei bis vier Jahren zu versetzen. Die Pflanze bildet auch in der Erde Tochterzwiebeln und die wollen hochgenommen, geteilt und an einem neuen Standort ausgepflanzt werden. Das ist genau der richtige Zeitpunkt, andere Gärtner mit dieser Kuriosität zu erfreuen. Wie früher. Über den Gartenzaun.

Brutzwiebeln statt Blüten: die Etagenzwiebel

Knofi aus dem Weinberg

Rocambole (*Allium sativum* var. *ophioscorodon*)
Synonyme: Schlangenknoblauch, Weingartenknoblauch

Im Frühjahr treibt die Knolle der Rocambole schmale lanzettliche Blätter aus, die denen von Knoblauch sehr ähneln. Ab Ende Juni bildet sich ein langer, spiralig gedrehter Blütenstiel (60–100 cm), an dessen Ende jedoch keine Blüten, sondern viele kleine Brutzwiebelchen, sogenannte Bulbillen, sitzen. Sind diese ausgereift, fallen sie ab und wachsen zu neuen Pflanzen heran.

Eleganz im Kräuterbeet: Rocambole

Immer da – immer gut: Winterheckzwiebel

Auch zur Vermehrung werden diese Bulbillen verwendet, weshalb man sie umgangssprachlich als »Samen« bezeichnet. Doch die Fähigkeit, Samen auszubilden, ist der Rocambole abhandengekommen, sodass sie ausschließlich vegetativ vermehrt werden kann.

Vermutlich stammt die Rocambole aus Ägypten bzw. aus dem Mittelmeerraum. Landarbeiter sollen diese Zwiebelart aus den Ländern der Donaumonarchie in das heutige Österreich mitgebracht und dort zur Selbstversorgung zwischen den Rebstöcken angebaut haben. In Österreich heißt die Rocambole deshalb auch »Weingartenknoblauch«. Sie wird nach wie vor kultiviert und von Weinbergarbeitern verspeist, etwa als »Hauerjause« – dünn geschnittene Rocambole auf Schmalzbrot.

Die zunehmende Mechanisierung im Weinberg bedroht diese alte Kulturpflanze, das Wissen um ihre Kultur geht langsam verloren. Grund genug für »Slow Food«, sich der Rocambole anzunehmen. Zusammen mit österreichischen Weinbauern will die Organisation den Weingartenknoblauch vor dem Verschwinden bewahren.

Wie alle Zwiebelarten liebt die Rocambole ein sonniges Plätzchen und leicht durchlässigen Boden. Sowohl die Zwiebeln im Boden als auch die Bulbillen können in der Küche verarbeitet werden. Sie schmecken angenehm nach Knoblauch und werden wie dieser verwendet.

Nicht verwechseln sollte man den Weingartenknoblauch mit dem **Weinberg-Lauch** *(Allium vineale)*. Dieser ist wesentlich kleiner (30–50 cm), bildet keine gedrehten Triebe aus, wohl aber »Blütenstände« mit Brutzwiebeln. Man findet ihn wild in Weinbergen und Streuobstwiesen, wo er typischerweise in Horsten anzutreffen ist. Im Garten kann diese Art schnell lästig werden und kulinarisch gibt es wahrlich Besseres.

Schlotten für die Ewigkeit

Winterheckzwiebel *(Allium fistulosum)*
Synonyme: Schlottenzwiebel, Ewige Zwiebel

Ihr genauer Ursprung ist nicht bekannt, aber nach Mitteleuropa kam sie wohl aus Russland und ist hier seit dem 17. Jahrhundert bekannt. Als typische Bauerngartenpflanze hatte sie je nach Region unterschiedliche

Namen, die alle auf Besonderheiten dieser Pflanze anspielen. Winterzwiebel wird sie genannt, weil sie, im Gegensatz zur gewöhnlichen Speisezwiebel *(Allium cepa)*, winterhart ist. Schlottenzwiebel heißt sie, weil sie keine eigentlichen nutzbaren Zwiebeln im Boden ausbildet, sondern ausschließlich mildwürziges, aromatisches Laub. Dieses Laub besteht aus runden, hohlen, 30–80 cm hohen Halmen, auch Schlotten genannt, und kann vom Frühjahr bis in den Spätherbst geerntet werden.

Wie die Etagenzwiebel bezeichnet man die Winterheckzwiebel auch als Ewige Zwiebel. Zum einen, weil sie das ganze Jahr über beerntet werden kann und immer wieder nachwächst, zum anderen wegen ihrer Winterhärte. Deshalb lohnt sich die Aussaat in der Regel nicht, sondern man setzt Jungpflanzen, die es in gut sortierten Gärtnereien gibt. Um die Pflanzen vital zu halten, sollten sie alle 3–4 Jahre aufgenommen und geteilt werden. Ein idealer Anlass, durch Verschenken zur Ausbreitung und zum Erhalt dieser Pflanze beizutragen. Mittlerweile ist dieses Zwiebelgewächs fast völlig aus den Gärten verschwunden. Und das, obwohl die Winterheckzwiebel nicht nur köstliches Grün liefert, sondern auch völlig anspruchslos ist. Alles, was sie braucht, sind ein sonniger Platz und gut durchlässiger Boden.

INTERESSANTE ALTE ZWIEBELSORTEN

'Birnenförmige' (ProSpecieRara)	schon im Album Benary von 1876 illustriert; frühe Zwiebelsorte mit kupferbrauner Außenschale; Zwiebeln doppelt so lang wie breit; frühreife Sorte mit süßem, feinem Geschmack
'Elsass' (ProSpecieRara)	Schalotte; lange Zeit im Elsass angebaut; aus den Steckzwiebeln entstehen Büschel von meist großen, bläulich-rötlichen, zweigeteilten Schalotten
'Goldkugel' (Arche Noah)	gelbe Zwiebel; hoher Ertrag; gesund; sehr trockenheitsresistent; beständig; Lokalsorte aus Niederösterreich (wird dort noch feldmäßig angebaut)
'Rosa Roscoff' (Tartuffi Naturwaren)	im Nordwesten der Bretagne wird traditionell eine rosafarbene Zwiebel angebaut, die früher von Roscoff aus nach England verschifft wurde; Name und Herkunft sind mittlerweile durch die geschützte Herkunftsbezeichnung AOC gesichert; im rohen Zustand ist die Sorte äußerst geschmacksintensiv, gekocht wandelt sie sich zu einer feinen, leicht süßlich schmeckenden Zwiebel
'Rouge de Florence' (ProSpecieRara)	ursprünglich aus Frankreich; Zwiebel mit elliptischer Form; gekrümmt; äußere Schalen rot; Ringe mattweiß und Herz grün; außerordentlich aromatisch, mild und zart
'Stuttgarter Riese' (ProSpecieRara)	seit 1880 im Handel; gelbhäutige Zwiebel; runde, abgeflachte Form; gute Haltbarkeit; für den frühen Anbau als Steckzwiebel; auch als Winterzwiebel geeignet
'Wiener Rote' (Arche Noah)	Sommerzwiebel; dunkelrote, flachrunde Zwiebel; gut lagerfähig; hoher Ertrag; Schossresistenz sehr gut; Vegetationsdauer 110–130 Tage
'Zittauer Gelbe' (Dreschflegel)	gelbe, runde, feste Sorte, die hauptsächlich als Saatzwiebel angebaut wird; gut lagerfähig

Junger Wirsing: Zwischen den noch lockeren, zart gekräuselten Blättern formt sich langsam der typische Kohlkopf. Das frische Hellgrün verrät seine Jugend – mild im Geschmack und voller Wachstumskraft.

Kohlgemüse

Grün oder rot, rund oder spitz, Blatt oder Röschen – kaum ein anderes Gemüse hat so viele Gesichter wie der Kohl. Doch die Mitglieder der Kohlfamilie bieten nicht nur optische Vielfalt, sondern auch abwechslungsreiche Geschmackserlebnisse, außerdem jede Menge Nährstoffe und Vitamine. Botanisch betrachtet, gehören sie zu den Kreuzblütlern *(Brassicaceae)* und sind somit eng mit den Rüben, dem Meerrettich und dem Rettich verwandt.

Der Stammvater aller Kohlarten ist der Wildkohl *(Brassica oleracea)*, der heute noch an den Küsten der Mittelmeerländer wächst. Als Kulturpflanze wird Kohl bereits in der Antike erwähnt. Bis ins 19. Jahrhundert verwendete man ihn vor allem als ländliches Heilmittel, legte Kohlblätter auf Wunden oder trank Kohlsaft bei Magen-Darm-Entzündungen. Durch Mutationen, spontane und gezielte Kreuzungen entstanden die unterschiedlichen Varietäten, die der Mensch gezielt für seine Zwecke ausgelesen hat.

Es gibt mittlerweile unterschiedlichste Formen, da fast jeder Teil der Pflanze irgendeine »Umbildung« durchgemacht hat. Der Wildform am ähnlichsten sind die Blattkohle. Ihr bekanntester Vertreter ist der Grünkohl, aber auch Palmkohl und Markstammkohl gehören in diese Gruppe. Bei den Kopfkohlen werden zwar auch die Blätter genutzt, doch ist ihr Spross so stark gestaucht, dass die Blätter sehr dicht übereinanderliegen und einen mehr oder weniger festen Kopf bilden. Weißkohl, Rotkohl und Wirsing zählen zu diesen Arten. Um eine Deformierung des Blütenstandes handelt es sich bei Blumenkohl und Brokkoli. Beim Rosenkohl werden die achselständigen Seitenknospen gegessen und beim Kohlrabi der verdickte Hauptspross. So verschieden sie auch sind, eines verbindet alle Kohlpflanzen: ihr hoher Gehalt an Senfölen, der für den typischen Kohlgeschmack und den gesundheitlichen Wert dieses Gemüses verantwortlich ist.

Kohl mit Köpfchen

Weißkohl
(*Brassica oleracea* convar. *capitata* var. *alba*)
Synonyme: Weißkraut, Kraut, Kabis, Kappes

Engländer und Amerikaner nennen die Deutschen oft »Krauts«. Ein Begriff, der während des Zweiten Weltkrieges entstand und vermutlich vom Sauerkraut abgeleitet wurde, das als typisch deutsch angesehen wurde. Tatsächlich war Kraut in Notzeiten oftmals die Rettung für die hungerleidende Bevölkerung. Denn es war ertragreich und gut zu konservieren, dazu reich an Mineralstoffen und Vitaminen. Auch heute noch werden etwa 75 % der deutschen Weißkohlernte zu Sauerkraut verarbeitet.

Weißkohl bildet kompakte Köpfe. Sie wiegen zwischen 500 und 2000 g und sind, je nach Sorte, rund, flachrund oder spitzkegelig. Ihre Blätter sind hell- bis dunkelgrün und mit einer dünnen Wachsschicht überzogen. Weißkohl gedeiht gut auf nährstoffreichen Böden und braucht regelmäßige Niederschläge. Bekannte Anbaugebiete, in denen er diese Bedingungen vorfindet, sind Dithmarschen in Schleswig-Holstein und Fildern in Baden-Württemberg. Auch in höheren Lagen gedeiht er noch gut, da er im Gegensatz zu manch anderem Gemüse die Kühle mehr schätzt als die Hitze.

Je nach Region haben sich im Laufe der Zeit verschiedene Sorten entwickelt, die den dortigen Gegebenheiten und Ansprüchen angepasst sind. So etwa das 'Filder Spitzkraut' mit seiner außergewöhnlichen Form und den zarten Blättern, das 'Kärntner-Steirische Gebirgskraut' mit kleinen festen Köpfen, das besonders in hohen Lagen gut gedeiht, oder das 'Seibersdorfer

Weißkraut' mit dem langen, feinen Schnitt, das ganz hervorragendes Sauerkraut liefert.

Für den Anbau im eigenen Garten ist die Sortenwahl ebenfalls von entscheidender Bedeutung. Es gibt Früh- und Sommerkohlsorten, die rasch Köpfe bilden. Diese sind relativ locker geschichtet und daher nur kurz lagerfähig. Außerdem gibt es robuste, feste Spätkohlsorten, die lange auf dem Beet bleiben können und im Winterlager bis zum Frühjahr halten. Mit alten, lokalen Sorten ist man am besten beraten. Sie sind nicht nur der Region angepasst, sondern reifen im Gegensatz zu Hybridsorten auch nicht alle gleichzeitig. Was für den Industrieanbau unbedingt notwendig ist – die Einmalernte –, ist im Hausgarten gerade nicht erwünscht.

Butterkohl: Übergangsform zwischen Blattkohl und Wirsingkopf

Optimaler Pflanztermin für das erste Kraut ist Ende März/Anfang April. Ausgesät werden muss der erste Satz schon im Februar unter Glas. Da Frühsorten eher kleine Köpfe bilden, genügt ein Pflanzabstand von 40 × 40 cm. Eine Vliesabdeckung dient der Ernteverfrühung und lohnt sich in jedem Fall. Ansonsten gilt: hacken, düngen, wässern. Das Anhäufeln der Pflanzen unterstützt die Entwicklung der Kohlköpfe, denn unter der Erde wachsen zusätzliche Seitenwurzeln, die die Aufnahme von Wasser und Nährstoffen verbessern. Und weil Kohlarten hungrige Starkzehrer sind, ist eine gute Nährstoffversorgung enorm wichtig.

Wenn die Kopfbildung abgeschlossen ist, sollte Frühkraut bald geerntet werden, denn die Köpfe platzen leicht. Spätsorten sind weniger empfindlich, sie können nach und nach geerntet werden. Vor stärkerem Frost sollten aber auch Spätsorten ins Winterlager umziehen. Eine bewährte Lagermethode von Kohl ist das Aufhängen der Köpfe. Dazu werden sie samt Strunk aus der Erde gedreht, luftig nebeneinander an eine Schnur gebunden und kopfüber aufgehängt. Auf diese Weise bleiben die Pflanzen unverletzt, die äußeren Blätter trocknen etwas ein und bieten den inneren Schutz. Bei 2–6 °C und relativ hoher Luftfeuchtigkeit halten sich Krautköpfe ohne Weiteres bis ins Frühjahr hinein. Man kann sie aber auch einschichtig in Kisten lagern. Dann muss jedoch regelmäßig kontrolliert werden, ob nichts zu faulen beginnt. Faule Köpfe werden sofort aussortiert, damit sie keine weiteren befallen.

Eine andere Möglichkeit, Kohl lange aufzubewahren, ist das Sauerkraut. Dazu wird das Kraut fein geschnitten, mit Salz bestreut, gestampft und der Milchsäuregärung überlassen. Auch wenn Sauerkraut als typisch deutsch gilt, erfunden haben es die Deutschen nicht. Vermutlich hat sich die Methode, Gemüse durch Milchsäuregärung haltbar zu machen, in verschiedenen Regionen der Erde unabhängig voneinander entwickelt.

Von den Chinesen ist bekannt, dass sie den Trick schon vor Jahrtausenden kannten. Bei den Griechen und Römern der Antike galt Sauerkraut als äußerst gesund. Und später half Sauerkraut als Schiffsproviant und Mittel gegen Skorbut ganzen Armeen, fremde Welten zu entdecken. Bis vor Kurzem war es auf bäuerlichen Betrieben durchaus üblich, Sauerkraut selbst »einzutreten«. Mit frisch gewaschenen Füßen stampften die Kinder das fein gehobelte Kraut in irdenen Fässern, bis die Mischung aus Zellsaft und Salz zwischen den Zehen brannte. Fein säuberlich wurde die eingestampfte Masse zum Schluss mit einem Leinentuch abgedeckt und das Fass mit einem Holzdeckel verschlossen. Nach etwa vier Wochen konnte das erste frische Sauerkraut probiert werden. Roh, direkt aus dem Fass, schmeckte es am besten und den ganzen Winter über begleitete es in irgendeiner Form den bäuerlichen Speiseplan.

Kumskraut

Eine alte Spezialität aus Thüringen ist das sogenannte Kumskraut. So nennt man dort eine Art Sauerkraut, das nicht eingehobelt, sondern als Krautkopfviertel eingelegt wird. Dazu werden vor allem kleine Weißkohlköpfe verwendet. Diese werden geputzt, geviertelt und in Salzwasser leicht glasig gekocht. Anschließend nimmt man die Viertel heraus und schichtet sie dicht aneinander in irdene Gefäße. Dazwischen streut man Gewürze wie Zwiebel, Pfefferkörner, Kümmel, Senfkörner und Dill. Mit einer Mischung aus dem Salzwasser, Essigessenz und etwas Zucker wird das Ganze aufgegossen, mit Krautblättern abgedeckt, mit einem Holzdeckel verschlossen und zum Schluss mit einem Stein beschwert. Dann überlässt man es der erforderlichen Gärung. Nach drei bis vier Wochen sind die Krautviertel leicht rosa, gut durchgezogen und können sowohl roh, zur Brotzeit als auch gekocht als Beilage gegessen werden.

Das Grubenkraut

In der Steiermark war jahrhundertelang eine besondere Art der Krautkonservierung üblich. Im Unterschied zum gehobelten Sauerkraut wurden dort die Weißkohlköpfe im Ganzen eingelegt. Nachdem die Krautköpfe in einem Eisenkessel über offenem Feuer blanchiert und anschließend in der Sonne kurz getrocknet worden waren, wurden sie ohne Zugabe von Salz Kopf an Kopf in eine mit Holz ausgekleidete, etwa vier Meter tiefe Grube geschichtet. Den Abschluss bildeten ein Leinentuch und eine Lage Stroh, dann wurde mit einem Holzdeckel die Grube verschlossen und mit Steinen beschwert. Nach etwa fünf Monaten war das langsam vergorene Grubenkraut reif für den Genuss. Es war sehr zart und fein im Geschmack, hatte kaum Säure und war besonders bekömmlich.

Als eigenständige wiederentdeckte Spezialität der östlichen Steiermark ist das Grubenkraut mittlerweile wieder auf dem Markt zu finden und bereichert die Winterküche.

Rot oder weiß – alles Kohl

'Nero di Toscana' trifft roten Blattkohl.

Sämlinge von rotem Spitzkohl 'Vysocke'

Blatt für Blatt
formt er sich zum Spitzkohl.

Prachtvoller Rotkohlkopf

Die spitz zulaufenden Blätter des roten Spitzkohls legen sich eng aneinander und bilden einen eleganten, schlanken Kopf. Das kräftige Rotviolett macht ihn nicht nur zum Blickfang, sondern er ist auch eine aromatische Besonderheit.

Wenn Blätter Blasen werfen

Wirsing
(*Brassica oleracea* convar. *capitata* var. *sabauda*)
Synonyme: Welschkohl, Wirz, Savoyer Kohl

Wie Weiß- und Rotkohl wird Wirsing den Kopfkohlen zugeordnet, obwohl er eher eine Zwischenform von Blatt- und Kopfkohl ist. Seine Blätter sind locker geschichtet und bei manchen Sorten kommt es zu gar keiner Kopfbildung. Zu erkennen ist der Wirsing an seinen markanten Blättern. Die sind gekraust bzw. blasig aufgetrieben, was dadurch zustande kommt, dass die Blattrippen langsamer wachsen als das Gewebe dazwischen.

Es gibt runde Sorten und spitz zulaufende, ebenso hell- und dunkelgrüne, stark gekrauste und fast glatte. Am bekanntesten ist der Dauerwirsing. Da ihm Frost wenig ausmacht, wurde er zum typischen Wintergemüse. Sein intensiver Kohlgeschmack und seine lange Kochzeit brachten ihn und damit auch alle anderen Wirsingformen ein wenig in Verruf. Aber es geht auch anders.

Wirsing ist nicht gleich Wirsing. Es gibt köstliche, zarte Frühsorten, z. B. den Maiwirsing 'Bonner Advent'. Der sieht anders aus, wird anders angebaut und schmeckt auch anders. Seine frischen grünen Blätter sind glatter und bilden einen lockeren Kopf. Ausgepflanzt wird er im Herbst und geerntet im Mai. Sein Geschmack ist knackig und angenehm mild. »Slow Food« hat ihn in die »Arche des Geschmacks« aufgenommen.

Eine weitere Spezialität ist der **Butterkohl**. Er bildet lockere längliche Köpfe und stellt eine Übergangsform vom Blattkohl zum festen Wirsingkopf dar. Seine Blätter sind glatter und weicher, als man es vom Wirsing her kennt, und der Geschmack ist wesentlich milder, da der Gehalt an Senfölen relativ gering ist. Er hat grün-goldene lockere Köpfe und kann auch blattweise beerntet werden – was ihn für den Anbau im Hausgarten interessant, aber für den Erwerbsanbau vollkommen uninteressant macht. Nach Bedarf erntet man anfangs nur die Außenblätter und erst zum Schluss das goldene Kohlherz, das unglaublich zart und buttrig schmeckt.

Bis 2004 war Butterkohl-Saatgut im Samenhandel. Ein Antrag auf Neuzulassung erfolgte jedoch nicht, da ein Verkauf ausschließlich an Hobbygärtner nicht lohnenswert erschien. Inzwischen bemühen sich private Initiativen um den Erhalt und die Weitergabe des Saatgutes dieses Feinschmeckergemüses. Die Wirsing-Vielfalt zeigt sich auch bei der alten italienischen Landsorte 'Rosso di Verona'. Die Blätter dieses Wirsings sind rotviolett gefärbt: ideal für den dekorativen Gemüsegarten und fast zu schade für die Küche.

Rahmwirsing

ZUTATEN

1 kleiner Wirsingkopf
1 Zwiebel
2 EL Butterschmalz
1 Birne
200 g Sahne
Salz, Pfeffer, Cayennepfeffer

ZUBEREITUNG

- Wirsing putzen, vierteln und in Streifen schneiden.
- Zwiebel würfeln, in Butterschmalz glasig anschwitzen und Wirsing dazugeben. Zusammenfallen lassen.
- Birne schälen, entkernen, in dünne Spalten schneiden und hinzufügen.
- Mit Sahne aufgießen und drei bis fünf Minuten bei milder Hitze schmoren lassen. Mit Salz, Pfeffer und Cayennepfeffer abschmecken. Passt gut zu Kassler und Salzkartoffeln.

Kraus und Kohl

Grünkohl
(*Brassica oleracea* var. *sabellica*)
Synonyme: Federkohl, Krauskohl, Braunkohl, Blätterkohl, Sabellinischer Kohl, Strunkkohl

Grünkohl ist kein Gemüse, Grünkohl ist Kult! Vor allem in Norddeutschland ist »Kohl und Pinkel« (Grünkohl mit geräucherter Grützwurst) eine Art Nationalgericht. In Süddeutschland dagegen kennt man dieses Kohlgewächs kaum. Von allen Kohlarten kommt Grünkohl der Wildform des Kohls am nächsten und war sicherlich eine der ersten Arten, die kultiviert wurden. Denn als »Sabellinischer Kohl« war er schon im antiken Griechenland bekannt.

Die hohen Stängel des Grünkohls sind mehr oder weniger dicht mit krausen Blättern besetzt, die grün oder violett gefärbt sind. In Selbstversorgergärten spielte Grünkohl lange Zeit eine zentrale Rolle. Die Gründe dafür waren seine gute Haltbarkeit im Winter und seine vielen Nutzungsmöglichkeiten. Die unteren Blätter wurden im Spätherbst an Kleintiere verfüttert, die übrigen Rosettenblätter wanderten im Winter in die Küche. Im Frühjahr wurden die jungen Strunkaustriebe als Gemüse geerntet (= Sprossenkohl) und der Rest schließlich wieder dem Vieh vorgeworfen. Die Kleintierhaltung wurde in den meisten Haushalten aufgegeben, die Ernährungsgewohnheiten der Menschen änderten sich und viele regionale Grünkohlsorten sind unwiederbringlich verschwunden.

Doch einige Sorten konnten sich halten. Sie tragen so herrliche Namen wie 'Ostfriesische Palme', 'Lerchenzunge' oder 'Roter Krauser', die Auskunft geben über Farbe oder Gestalt. Außerhalb des traditionellen »Grünkohl-Landes« wurde der krause Vertreter der Kohlfamilie in den letzten Jahren als Ziergemüse bekannt. Als Solitärpflanze bringt er Struktur ins Staudenbeet. 'Nero di Toscana', der Toskanische Palmkohl, und 'Redbor', eine neuere Sorte mit dunkelrotem Laub, sind äußerst dekorativ und die Stars in jedem (Küchen-)Garten.

Von sämtlichen Kohlarten stellt Grünkohl die wenigsten Ansprüche an Klima und Boden. Sogar im Halbschatten gedeiht er noch. Da er relativ schnell wächst, genügt eine Aussaat im Mai/Juni. Nach der Vorkultur werden die kräftigsten Pflanzen im Juli/August im Abstand von 40 × 40 cm (je nach Sorte) ausgepflanzt. Außer den üblichen Pflegearbeiten wie Hacken und Gießen verlangt Grünkohl (wie alle Kohlarten) nach reichlich Nährstoffen.

So was Krauses: 'Lerchenzungen'

Die Ernte sollte möglichst spät stattfinden, denn niedrige Temperaturen lassen den Zuckergehalt in den Blättern steigen, wodurch das Aroma deutlich zunimmt. Die Erhöhung des Zuckergehalts erfolgt jedoch nicht durch den Umbau von Stärke, sondern durch die weitere Bildung von Zucker über die laufende Fotosynthese und den gleichzeitig verlangsamten Stoffwechsel bei Kälte. Ein kurzzeitiges Einfrieren früh geernteten Grünkohls nützt also leider gar nichts. Bei der bereits im Herbst geernteten Industrieware handelt es sich um Sorten, denen Züchter eine von Haus aus größere Zuckermenge antrainiert haben. Für die Küche erntet man die reine Blattmasse: Die krausen Blätter werden von den Stängeln oder Rippen gerupft, der Rest ist Viehfutter oder wandert auf den Kompost.

Von allen Kohlarten hat Grünkohl das meiste Vitamin C, außerdem jede Menge Mineralstoffe und weitere Vitamine. Er ist ein ideales Gemüse, um gesund durch den Winter zu kommen – wenn man die wertvollen Vitamine nicht durch endloses Kochen und Wiederaufwärmen, wie es früher üblich war, zunichtemacht.

Es gibt zahlreiche Zubereitungsarten, die schonend sind und den Geschmack gut zur Geltung bringen: ob als Suppe, Kartoffel-Grünkohl-Auflauf oder als karamellisiertes Grünkohlgemüse mit einem Spritzer Balsamicoessig. Beim Würzen mag es Grünkohl eher kräftig. Er harmoniert mit Muskatnuss, Lorbeer, Koriander oder Zimt.

Grünkohl mit Bandnudeln

ZUTATEN

1 kg Grünkohl, Salz
2 Knoblauchzehen, Butterschmalz
200 g Edelpilzkäse
Pfeffer
400 g Bandnudeln

ZUBEREITUNG

- Grünkohl waschen und von den Rippen streifen.
- In Salzwasser etwa drei Minuten blanchieren, abgießen, kalt abschrecken, etwas ausdrücken und klein schneiden.
- Knoblauch in Scheibchen schneiden, in Butterschmalz andünsten und Grünkohl zugeben.
- Edelpilzkäse zerbröckeln, unterrühren und schmelzen lassen. Mit Salz und Pfeffer abschmecken.
- Als Sauce über die gekochten Nudeln geben.

Röschen für Röschen

Rosenkohl (*Brassica oleracea* var. *gemmifera*)
Synonyme: Sprossenkohl, Brüsseler Kohl

Wie Mini-Kohlköpfe sehen die Triebknospen des Rosenkohls aus, die sich in den Blattachseln der bis zu einem Meter hohen Pflanze entwickeln. Der Rosenkohl tauchte erst im 18. Jahrhundert in Belgien auf und war dort als »Choux de Bruxelles« bekannt und geschätzt. Rosenkohl ist zweifellos die feinste Kohlart. Trotzdem geriet er ins Abseits, denn die übliche Supermarktware im grünen Netz verspricht alles andere als kulinarischen Genuss. Vollendeten Geschmack kann man nur von frischen Röschen erwarten. Süßlich, nussig und zart schmeckt Rosenkohl. Zur Verfeinerung genügen etwas Salz, frischer Pfeffer und zerlassene Butter.

Im Gemüsegarten nimmt Rosenkohl viel Fläche in Anspruch, außerdem belegt er das Beet von Juni bis Dezember. Doch dem Gaumen zuliebe lohnt es, ihm einen festen Platz zu reservieren. Seine Kultur ist unkompliziert: ein bisschen hacken, anhäufeln, gießen und düngen, mehr verlangt er nicht. Bei Herbstsorten fördert ein Kappen der Gipfelknospe das Wachstum der Seitenröschen. Dies sollte etwa Mitte September geschehen, wenn die Achselknospen haselnussgroß sind. Das Entfernen der Blätter, wozu oft geraten wird, schwächt die Pflanze eher. Denn sie braucht ihr Laub zum Assimilieren und als »Frostschutz« für die Röschen.

Geerntet wird vor allem bei alten Sorten nach und nach. Anfangs Röschen für Röschen von unten nach oben von der stehenden Pflanze, später die ganze Pflanze. Die Rosenkohlpflanze wird geschont, wenn man sie zu Winterbeginn in einer Miete einschlägt. So können den ganzen Winter über köstliche Röschen geerntet werden. Rotblaue Sorten wie 'Rubine' oder 'Roodnerf' sind ein Hingucker in jedem Gemüsebeet.

Rosenkohl im Winter: Die kleinen festen Röschen sitzen dicht am Stängel, während Schnee und Kälte sie umhüllen. Erst durch Frost entfalten sie ihr besonders feines, süßlich-nussiges Aroma.

Von der Küste in den Garten

Echter Meerkohl *(Crambe maritima)*
Synonyme: Strandkohl, Seekohl

Er heißt zwar Meerkohl, mit Kohl ist er allerdings nur entfernt verwandt. Das seltene Gemüse gehört zwar ebenfalls zur Familie der Kreuzblütler *(Brassicaceae)*, aber nicht zur Gattung *Brassica*, der alle anderen Kohlarten angehören. »Meer« dagegen stimmt, denn als Wildpflanze findet man den Meerkohl an den Küsten der Nordsee, des Atlantiks, des Baltikums und des Schwarzen Meeres. Leider sind seine Bestände dort gefährdet und Wildsammlungen, wie sie früher üblich waren, sind untersagt. Bereits im 17. Jahrhundert hat man die vom Flugsand zugedeckten und somit bleichen Sprossen zum Verzehr geschnitten und bald darauf begonnen, den Küstenbewohner im Garten zu kultivieren.

In Deutschland sind der Meerkohl und das Wissen um ihn weitgehend in Vergessenheit geraten. Die Engländer bauen ihren »Sea kale«, die Franzosen ihren »Chou marin« und die Niederländer ihren »Zeekool« aber nach wie vor an. Da dies nicht so einfach ist, galt Meerkohl einst als eine Art kulinarisches Statussymbol. Er bewies: Man leistet sich einen Gärtner, der die aufwendige Kulturführung beherrscht. Heutzutage ziehen vor allem Liebhaber ausgefallener Gemüse Meerkohl in ihren Gärten. Zu kaufen gibt es ihn kaum: Der Produktionsaufwand ist groß, das gebleichte Grün kaum haltbar, und weil es keiner mehr kennt, ist der Absatz gering.

Für den Anbau im Hausgarten kauft man sich am besten drei bis vier Pflanzen. Gut sortierte Staudengärtnereien führen den Meerkohl in ihrem Angebot. Die Pflanzstelle muss sehr sorgfältig gewählt werden. Zum einen verlangt Meerkohl als Tiefwurzler durchlässigen, tiefgründigen, nicht zu schweren Boden, zum anderen bleibt er als Staude jahrelang an dieser Stelle und sollte sich optisch gut in die Umgebung einfügen. Außerdem wäre es schade, wenn die hübschen Tonglocken, die sogenannten »sea kale pots«, die zum Bleichen des Meerkohls nötig sind, keinen Ehrenplatz bekämen. Denn mit ihnen kommt der optische Genuss vor dem kulinarischen. Auf Letzteren muss man ohnehin zwei bis drei Jahre warten. Wie Spargel sollte die Pflanze zunächst gut Fuß fassen, bevor sie beerntet wird.

Erst im Frühjahr des dritten Jahres kann man mit dem Bleichen beginnen. Dazu stülpt man die tönerne Treibglocke über den gerade erscheinenden Austrieb und wartet drei bis vier Wochen. Da die »sea kale pots« einen Deckel haben, kann man gelegentlich nachsehen, wie groß der Meerkohl schon ist. Deckt man mit einem Eimer oder schwarzer Folie ab, sieht man besser ebenfalls ab und an nach, denn unter dem Plastikmaterial kommt es oft zu Fäulnis und das Bleichen muss abgebrochen werden, um die Pflanze nicht zu verlieren.

Sobald die Blätter rund 20 cm hoch sind, wird das erste Mal geerntet. Die jungen Triebe sind leicht rosa, fleischig und zart und welken schnell. Zubereitet wird der gebleichte Meerkohl wie Spargel, doch muss er nicht geschält werden. Im Geschmack erinnert er vage an Brokkoli, ist aber etwas herber. Schaumsüppchen vom Meerkohl, Meerkohl in Kartoffelsalat, Meerkohlgemüse an Fisch – so heißen köstliche Meerkohl-Gerichte.

Zwei bis drei Ernten sind im Frühjahr möglich, danach sollte die Pflanze wachsen dürfen, um sich zu regenerieren. Schließlich möchte man auch im folgenden Jahr nicht auf die Meerkohl-Saison verzichten.

Wissenschaftler sehen im Meerkohl vor allem eine »Salzpflanze«. Als sogenannter Halophyt verträgt die ursprüngliche Küstenpflanze salzhaltigen Boden. Und salzbelastete Böden werden immer häufiger. Deshalb ist ein Gemüse, das mit diesen Böden zurechtkommt, für die Agrarwirtschaft außerordentlich interessant. Auf der niederländischen Insel Texel wird seit einigen Jahren mit »Zeekool« experimentiert.

Historisches Gemüse: Meerkohl

Unter tönernen Treibglocken wachsen zarte Triebe.

Deko im Gemüsebeet – »sea kale pot«

Bleich und zart – ein Gemüse für Liebhaber

Delikates aus dem Norden

Bremer Scheerkohl
(*Brassica napus* var. *pabularia*)
Synonym: Schnittkohl

Scheerkohl ist eine norddeutsche Spezialität. Als Bremer Scheerkohl war er Anfang des 20. Jahrhunderts äußerst beliebt, geriet dann aber nach und nach in Vergessenheit. Eigentlich ist Scheerkohl eng verwandt mit Raps und aus einer Kreuzung von Rübsen *(Brassica rapa)* und Kohl *(Brassica oleracea)* entstanden. Scheerkohl ist dem Stielmus sehr ähnlich, nur dass Stielmus mehr mit den Steckrüben und Scheerkohl mehr mit dem Kohl verwandt ist. Diese Zugehörigkeit verraten auch die leicht blau bereiften Blättern.

Norddeutsche Spezialität: Bremer Scheerkohl

Als absolutes Frühgemüse kann Scheerkohl schon im Februar ausgesät werden und liefert bereits sechs Wochen später die erste Ernte. Früher wurde dieses Blattgemüse mit der Sense geschnitten, der Bestand also regelrecht abgeschoren, was dem Scheerkohl seinen Namen gab. Sowohl Blatt als auch Stiel des Scheerkohls sind in jungem Stadium sehr zart und können ohne jedes Zupfen verwendet werden. Der angenehm milde Geschmack kommt in Salaten, Suppen oder als Dämpfgemüse gut zur Geltung. Traditionell wurde Bremer Scheerkohl wie Spinat zubereitet und mit Kassler und Kartoffeln serviert.

Mittlerweile hat »Slow Food« den Bremer Scheerkohl in seine »Arche des Geschmacks« aufgenommen: Vielleicht wird das köstliche Gemüse dadurch in Zukunft bekannter – nicht nur rund um Bremen.

Zwei Dauerbrenner

Helgoländer Wildkohl
(*Brassica oleracea* var. *oleracea*)
Ewiger Kohl
(*Brassica oleracea* var. *ramosa*)
Synonym: Staudenkohl

Im Verwitterungsschutt der Buntsandsteinfelsen Helgolands wächst der **Helgoländer Wildkohl**. Allerdings weiß niemand so genau, ob es sich dabei tatsächlich um einen Wildkohl handelt oder um einen ehemals in Gärten kultivierten und inzwischen verwilderten Blattkohl. Er ist eine sehr interessante, etwa 1 m hohe, zwei- bis mehrjährige Pflanze mit attraktivem blaugrünem Laub. Zur Blütezeit bedeckt er komplette Felsen mit seinen gelben Blüten. Darin besteht auch der Unterschied zum Ewigen Kohl, dem der Helgoländer Wildkohl sehr ähnlich sieht.

Ewiger Kohl blüht nicht, bildet somit auch keine Samen aus und ist nur vegetativ zu vermehren: durch Teilung oder besser durch Stecklinge. Bei dieser auch »Eeuwig Moes« genannten Pflanze handelt es sich vermutlich um eine alte Gärtnersorte, die nur durch das Vermehren in den Bauerngärten der Südniederlande überlebt hat.

Außergewöhnlich: Helgoländer Wildkohl

Anders als Kopfkohl bildet er keine festen Köpfe, sondern treibt kontinuierlich neue Blätter aus. Diese können über mehrere Jahre geerntet werden, was der Pflanze auch ihren Namen verlieh. Der Geschmack erinnert an Grünkohl und die Blätter eignen sich gekocht oder gedünstet für vielfältige Gerichte. Der Ewige Kohl ist somit prädestiniert für den Anbau in Selbstversorgergärten. Gerade in der regionalen, saisonalen Küche sowie in der Spitzengastronomie könnte der Ewige Kohl als robustes, klimafreundliches und gleichzeitig aromatisches »Zukunftsgemüse« wiederentdeckt werden.

Viva la Rapa

Stängelkohl
(*Brassica rapa* subsp. *sylvestris* var. *esculenta*)
Synonyme: Cima di Rapa, Broccoletto, Wilder Brokkoli

Zugegeben: Der Name klingt nicht gerade nach Delikatesse. Doch wer einmal in den Genuss von Cima di Rapa gekommen ist, wird ihn nie wieder vergessen – diesen eigenwillig-herben, leicht nussigen Geschmack mit einer feinen Senfnote. Kein Wunder, dass der Stängelkohl in Süditalien als kulinarisches Kulturgut gilt. In Apulien, Kampanien oder Kalabrien ist er fester Bestandteil der Alltagsküche – dort kennt man ihn als »Cima di Rapa« oder »Friarielli«. In deutschen Gärten hingegen fristete er lange ein Nischendasein – zu Unrecht, wie seine Vielseitigkeit und Anspruchslosigkeit zeigen.

Botanisch gehört der Stängelkohl zur großen Familie der Kreuzblütler *(Brassicaceae)* und ist eine Unterart der Speiserübe. Im Gegensatz zu dieser wird bei ihm jedoch nicht die Wurzel, sondern der zarte Blütenstängel mitsamt Knospen und Blättern geerntet. Optisch erinnert er an eine Mischung aus Brokkoli, Rauke und Grünkohl – geschmacklich ist er genauso irgendwo dazwischen zu Hause. Je nach Sorte, Aussaatzeit und Klima variiert die Schärfe: Von mild bis ordentlich würzig ist alles möglich.

Der Anbau ist erfreulich unkompliziert. Cima di Rapa liebt lockeren, nährstoffreichen Boden und gedeiht besonders gut in gemäßigten Lagen. Wichtig: Kurze Kulturdauer! Schon sechs bis acht Wochen nach der Aussaat kann geerntet werden – je nach Sorte von März bis in den späten Herbst hinein. Besonders die sogenannten »40-Tage-Sorten« machen dem Namen alle Ehre. Gesät wird entweder im zeitigen Frühjahr oder ab Juli für eine Herbsternte. Staunässe und Hitze mag der Stängelkohl nicht – ansonsten verzeiht er viel.

Unkompliziert im Anbau: Stängelkohl

Geerntet wird kurz vor dem Aufblühen, wenn sich die ersten kleinen Knospen zeigen, die Blätter aber noch zart sind. Wer regelmäßig schneidet, regt die Pflanze zu neuem Austrieb an – so lässt sich über Wochen hinweg frisches Gemüse gewinnen.

In der Küche offenbart er seine südländische Seele: In Olivenöl geschwenkt, mit Knoblauch, Peperoncino und Pasta – fertig ist das apulische Nationalgericht »Orecchiette con Cime di Rapa«. Aber auch im Wok, als Beilage zu Fisch oder im Eintopf macht er eine ausgezeichnete Figur. Roh ist er etwas herb, gekocht wird er angenehm mild. Und: Die Kombination aus kurzer Garzeit und intensivem Aroma macht ihn zum idealen Gemüse für die schnelle Küche.

INTERESSANTE ALTE WEISSKOHLSORTEN

'Chou blanc de montagne' (ProSpecieRara)	in der Schweiz bereits Ende des 19. Jahrhunderts gehandelt; Synonym 'Bergkabis'; frühe Sorte, die sich für den Anbau in Höhenlagen eignet; Aussaat im Juni/Juli als Nachkultur; feste, kleine, feinrippige Köpfe
'Filderkraut' (Sativa)	mittelspäter, zuckerreicher Spitzkohl; speziell für Sauerkraut geeignet; für viele die beste Sauerkrautsorte; begrenzt lagerfähig
'Krimitzerkohl' (VEN e. V.)	alte Sorte oder Landsorte aus Westböhmen; lange Vegetationszeit (Spätkohl); Kopfform spitzig bis eiförmig; Randblätter groß; Strunk keulenförmig, hoch und groß
'Vysocke' (Arche Noah)	spitze, rotviolette, feste Köpfe; langer Strunk (»vysocke« heißt »hoch«), der zart ist und wie Kohlrabi verwendet werden kann; ergibt ein sehr gutes, pinkfarbenes Sauerkraut; traditionell in Tschechien genutzt

INTERESSANTE ALTE GRÜNKOHLSORTEN

'Lerchenzungen' (VEN e. V.)	ca. 80 cm hoch; lange, schmale gekrauste Blätter; Herbstsorte
'Ostfriesische Palme' (Dreschflegel)	alte, bis 1,80 m hohe Landsorte; winterhart; untere Blätter ab Mitte September als Tierfutter, obere bilden eine feinkrause Rosette zum Essen
'Rote Palme' (Dreschflegel)	standfeste, bis 1,80 m hohe, aus alten Sorten gekreuzte Sorte; außerordentlich milder Geschmack; sehr dekorativ

Hingucker im Gemüsebeet: der Palmkohl 'Nero di Toscana'. Mit seinen langen, dunkelgrün-bläulichen Blättern erinnert er tatsächlich an eine kleine Palme und zaubert südländisches Flair in den Garten.

Rhabarber zählt für viele zum Obst, doch die prachtvollen Stangen sind ein Gemüse. Seine riesigen Blätter und die schönen weißen Blütenstände sind eine Zierde für jeden Garten.

Andere Gemüsearten

Manche Gemüsepflanzen lassen sich keiner der bisherigen Kategorien zuordnen. Das Reich der Pflanzen ist schließlich gewaltig groß. Und vieles, was so heranwächst, wurde vom Menschen irgendwann auf seine Essbarkeit hin untersucht. War es nicht giftig, diente es als Nahrung. Bewährte es sich, wurde es angebaut und eventuell züchterisch bearbeitet, sprich ausgelesen, um größere oder bessere Exemplare zu erhalten. Aus einer Wildpflanze wurde eine Kulturpflanze.

Manche dieser Gewächse sind völlig in Vergessenheit geraten, andere konnten sich in bestimmten Nischen halten. Die »Hochzeit« der Wassernuss *(Trapa natans)* etwa ist schon lange Vergangenheit, aber anderen Pflanzen steht ihre große Karriere als Gemüse vielleicht noch bevor. Zeiten ändern sich und Geschmäcker ebenso. Das ist auch gut so, denn es wäre schade, die Vielfalt nicht zu nutzen.

Hopfen und Malz verloren – aber wiedergefunden

Hopfensprossen *(Humulus lupulus)*
Synonym: Hopfenspargel

Die krautige Schlingpflanze mit dem klangvollen botanischen Namen *Humulus lupulus* gehört zu den Hanfgewächsen *(Cannabaceae)* und treibt aus ihrem mehrjährigen Wurzelstock jährlich neue Triebe, die sich an Sträuchern und Bäumen bis in luftige Höhen emporwinden.

Der Hopfen stammt vermutlich aus Vorderasien. Seit dem 8. Jahrhundert wird er aber in Deutschland angebaut und in vielen klösterlichen Schriften erwähnt. Das ist nicht verwunderlich, denn Bierbrauen war Sache der Klöster. Hopfengärten entstanden, um die benötigten Hopfendolden in ausreichender Menge und in guter Qualität zur Verfügung zu haben. Die bekannteste Hopfenbauregion Deutschlands ist die Hallertau in Bayern, von den Einheimischen »Holledau« genannt. Felder mit schrägen Stangen und Seile mit rankenden Hopfentrieben prägen das Landschaftsbild. Was aber sind Hopfensprossen?

Nüchtern betrachtet sind sie ein Abfallprodukt des Hopfenanbaus. Für eine kräftige neue Hopfenpflanze genügen zwei bis sechs Triebe. Der Stock treibt aber jedes Frühjahr wesentlich mehr. Diese müssen entfernt werden, damit die übrigen kräftig wachsen. Und diese überzähligen jungen Hopfentriebe heißen Hopfensprossen. Sie waren früher ein Armeleuteessen. Kinder wurden in die Hopfengärten geschickt, um die von den Arbeitern abgebrochenen Sprossen aufzusammeln. In Zeiten maschineller Bewirtschaftung geriet dieses »Nebenprodukt-Gemüse« jedoch in Vergessenheit. Erst als das Modekraut Bärlauch als Frühlingskick den Spitzenköchen zu langweilig wurde, gruben sie im wahrsten Sinne des Wortes den köstlichen Hopfenspargel wieder aus. Und so machen die Winzlinge seit einigen Jahren Karriere. Wo ein Bedarf, da auch ein Angebot.

Für den Anbau im eigenen Garten sind Hopfensprossen leider nur bedingt geeignet. Aber einige Hopfenbauern konzentrieren sich inzwischen auf die Ernte dieser kulinarischen Spezialität. Und die ist nicht ganz einfach, vor allem aber zeitaufwendig. Die Erde über dem Wurzelstock wird mit einer Hacke vorsichtig abgetragen und die einzelnen Sprossen einzeln mit der Hand vom Stock gebrochen. Nur wenige Zentimeter lang sind sie, mit dem Durchmesser eines Bleistifts und – weil sie noch nie die Sonne gesehen haben – cremeweiß. Leider sind die Sprossen sehr empfindlich und deshalb kaum lagerbar. Trotzdem, die Mühe lohnt sich. Ihr leicht bitter-erdiger Geschmack ist etwas ganz Besonderes. Er erinnert ein bisschen an den von grünem Spargel, aber eben nur ein bisschen.

In der Küche sind Hopfensprossen vielseitig zu verwenden. Als Salat, als Suppe oder gedünstet als Gemüse zu Fisch. Einen extravaganten Genuss verspricht ein cremiges Risotto – zart gehopft. Die feinen Sprossen gibt man besser erst ganz zum Schluss zum Reis, so bleiben sie knackig und voller Aroma. Und: Je weniger weitere Zutaten in einem Gericht mitmischen, desto besser kann sich der Geschmack dieses erlesenen Frühjahrsgemüses entfalten.

Als Spezialität der Extraklasse werden Hopfensprossen betitelt – völlig zu Recht. Denn die Ernte ist nur in einem sehr kleinen Zeitfenster möglich: Je nach Witterung von Mitte März bis Mitte April. Sie ist aufwendig und das Putzen des Rohgemüses in der Küche erfordert ein hohes Maß an Geduld: ein Genuss, den man sich tatsächlich verdienen muss.

Hopfensprossen-Salat

ZUTATEN

500 g Hopfensprossen
grobes Salz
⅛ l heller Essig
3 EL neutrales Öl
2 TL Zucker
frische Petersilie
weißer Pfeffer
1 TL Salz

ZUBEREITUNG

- Die Hopfensprossen mit grobem Salz zwischen den Händen abreiben und waschen.
- Aus Essig, Öl, Zucker, Petersilie, Pfeffer und Salz eine Marinade anrühren.
- Die Hopfensprossen etwa 10 Minuten kochen und abseihen.
- Noch heiß mit der Marinade übergießen und gut durchziehen lassen. Kalt genießen.

Einst ein Armeleuteessen, heute Gourmetgemüse: Hopfensprossen

Hopfensprossenernte: aufwendig und anstrengend

»Minispargel«

Junge Hopfentriebe – ebenfalls essbar

Das ist die Schärfe

Meerrettich *(Armoracia rusticana)*
Synonym: Kren

Meerrettich gehört zur großen Familie der Kreuzblütler *(Brassicaceae)*, ist also ein naher Verwandter von Rettich, Rucola und Kresse. Man erkennt alle Familienmitglieder sofort an ihrem scharfen Geschmack, verursacht durch die enthaltenen Senföle, die wiederum auch ihre gesundheitsfördernde Wirkung ausmachen. Senföle wirken schleimlösend bei Husten, aber auch antibakteriell bei Infektionen. Interessant ist, dass die dafür verantwortlichen Substanzen (Glucosinolate und das Enzym Myrosinase) getrennt voneinander in den Zellen gespeichert sind. Erst wenn die Pflanzenzellen verletzt werden, z. B. durch Raspeln oder aber auch durch Schädlingsfraß, reagieren die beiden Stoffe miteinander und werden zu dem stechend scharf riechenden Senföl. Was ursprünglich die Pflanze vor Fraßfeinden schützen sollte, schützt auch den Menschen vor Bakterien und Viren. So hatte die Krenwurzel einen festen Platz in der Volksmedizin und wurde eher als Heil- denn als Gemüsepflanze angebaut.

Meerrettich – die scharfe Wurzel

Die bayerische und österreichische Bezeichnung »Kren« stammt, wie die Pflanze selbst, wahrscheinlich aus Südeuropa. Das slawische Wort »krenas« bedeutet »weinen« und die scharfe Wurzel rührt beim Reiben wahrhaftig zu Tränen. Markgraf Johannes Alchemista, der im 15. Jahrhundert auf Schloss Scharfeneck im fränkischen Baiersdorf residierte, soll die scharfe Wurzel hierzulande eingeführt haben. Im Buch »Garten der Gesundheydt« erscheint bereits um 1560 eine Abhandlung zu »Raphanus Major«, zum Großen beziehungsweise »Mehr«-Rettich. Seitdem ist das bayerische Kren-Anbaugebiet zwischen Nürnberg und Bamberg eines der größten und traditionsreichsten Meerrettichanbaugebiete der Welt.

Der Anbau ist mühevoll und erfordert auch heute noch viel Handarbeit. Ein alter Spruch sagt: »Ein Acker mit Kren will jeden Tag seinen Herrn seh'n.« Boden, klimatische Bedingungen, Auslese und Anbautradition sind für die besondere Güte des bayerischen Meerrettichs verantwortlich. Deshalb darf er auch das »g. g. A.«-Zeichen (geschützte geografische Angabe) der EU tragen. Kren im eigenen Garten war früher eine Selbstverständlichkeit. Zusammen mit uralten Pfingstrosenstöcken ist er oftmals inmitten von Wildwuchs auf aufgelassenen Bauernhöfen zu finden und erinnert daran, dass hier wohl einst ein prächtiger Bauerngarten stand.

Für den Eigenbedarf genügen zwei bis drei Pflanzen im Garten, die mehrere Jahre am gleichen Standort verbleiben, aber immer wieder beerntet werden können. Man pflanzt sogenannte Meerrettich-Fechser (die Seitenwurzeln einer Meerrettich-Pflanze) im Frühjahr in tiefgründigen, humosen Boden, der gut mit Nährstoffen versorgt ist. Im Abstand von einem halben Meter legt man die Fechser schräg in die Erde, sodass ihr Kopfende etwa 5 cm, ihr Wurzelende 10 cm tief zu liegen kommt. Nach einigen Wochen entfernt man die erscheinenden Austriebe bis auf den stärksten jeder Pflanze. Im Herbst können dann bereits verzweigte Seitenwurzeln ausgebrochen werden.

Wer jedoch schöne, kräftige Meerrettichstangen ernten will, dem bleibt einiges an Kulturarbeit nicht erspart. Im Juli müssen die Wurzeln vom Kopfende her freigelegt, angehoben und sämtliche Seitenwurzeln auf etwa 20 cm Länge entfernt werden. Der Rest verbleibt im Boden. Reibt man diese 20 cm langen Wurzelstücke dann mit einem Jutesack ab (um weitere Austriebe zu verhindern) und pflanzt sie vorsichtig wieder an ihren alten Platz zurück, bildet sich daraus in der Folge die begehrte dicke, glatte Meerrettichstange, die im Oktober/November, wenn das Laub abgestorben ist, geerntet werden kann. Das klingt kompliziert – und das ist es auch.

Eindeutig ein Kreuzblütler – Meerrettichblüte

Zum Glück sind »wild« gewachsene Wurzeln zwar dünner als »kultivierte«, aber nicht minder aromatisch. Zur Ernte legt man die Stangen frei, hebt sie mit einer Grabegabel heraus, dreht das abgestorbene Laub ab

Krenbrüah

ZUTATEN

½ Stange Meerrettich
1 EL Butter
1 Prise Salz
1 Prise Zucker
2 EL Mehl
Gemüsebrühe
Sahne

ZUBEREITUNG

- Den frischen Meerrettich putzen, waschen und fein reiben.
- Helle Einbrenne herstellen, geriebenen Kren zugeben und mit Brühe aufgießen.
- Je nach gewünschter Schärfe 3–5 Minuten durchkochen.
- Mit Salz und Zucker abschmecken und mit einem Schuss Sahne verfeinern.

und schneidet die Seitenwurzeln zum Verzehr oder als Fechser für das nächste Jahr. Frostfrei eingeschlagen in Sand, halten sowohl die Stangen als auch die Fechser bis zum Frühjahr. Mutterpflanzen, die mehrere Jahre im Beet bleiben sollen, setzt man nach der »Seitenwurzelernte« wieder zurück an ihren Platz.

Als Gemüse wird Meerrettich meist gerieben verwendet. Entweder pur oder mit Äpfeln, Quark oder Sahne vermischt, ist er eine würzige Beilage zu Fleischgerichten. Kulinarisch am bekanntesten ist aber die Meerrettichsauce zu gekochtem Rindfleisch. Fertige Meerrettichzubereitungen sind zwar bequem zu handhaben, echte Krenliebhaber aber wissen, dass sie der frischen Wurzel bei Weitem unterlegen sind, sowohl im Geschmack als auch in ihrer Wirkung. Und wem einmal der »Kren-Dampf« die Nase freigeputzt hat, der schwört auf die Kraft der scharfen Wurzel.

Gebt dem Garten Saures

Gemüserhabarber
(Rheum rhabarbarum)

Das erste Obst des Jahres in unseren Breiten ist der Gemüserhabarber. Botanisch wird er jedoch zum Gemüse gezählt. Genau genommen ist er ein Blattstielgemüse, also so etwas wie Stielmangold. Verwendet wird er aber wie Obst. Wie der Ampfer gehört er zur Familie der Knöterichgewächse *(Polygonaceae)* und ist wie dieser eine Staude. Das heißt, er treibt im Frühjahr aus mächtigen Rhizomen, bildet Blätter und Blüten aus, zieht im Herbst wieder ein und überwintert mit unterirdischen Knospen. Eine völlig unkomplizierte Pflanze, die, einmal im Garten angesiedelt, jahrelang beerntet werden kann.

Die Geschichte des Gemüserhabarbers ist eng verknüpft mit der seines medizinisch verwendeten Verwandten: Zierrhabarber (*Rheum palmatum*, Syn. *Rheum officinale*). In seiner Heimat China ist dieser Vertreter seit Jahrhunderten eine geschätzte Heilpflanze. Sein Wurzelstock enthält stark laxierend (abführend) wirkende Stoffe (Senoside). *Rheum rhabarbarum* ist jedoch ausschließlich für die Küche geeignet. Die »Wurzel der Barbaren«, wie man den botanischen Namen übersetzen könnte, wurde erst im 18. Jahrhundert als Gemüsepflanze entdeckt. In England begann der Rhabarberanbau und die Briten sind auch heute noch führend, was Rhabarberanbau und -verarbeitung betrifft. Auch interessante Neuzüchtungen findet man dort.

Ab 1840 ist die Kultur von Gemüserhabarber auch in Deutschland belegt. In den Vierlanden (im Südosten Hamburgs) standen damals die ersten Stauden und eroberten von dort aus Nord- und schließlich Süddeutschland. Auch in Österreich und der Schweiz hielt Rhabarber Einzug und gedeiht hervorragend. Weiter südlich wird es schwieriger, denn Rhabarber braucht einen Kälteschock, damit er gut austreibt, und anschließend genügend Feuchtigkeit zum Wachsen.

Die Kultur von Rhabarber gelingt auch ohne grünen Daumen. Zum Start kauft man am besten in einer gut sortierten Baumschule oder Staudengärtnerei getopfte Pflanzen oder man lässt sich von erfolgreichen »Rhabarbergärtnern« mit Teilpflanzen ausstatten. Diese setzt man an einen gut vorbereiteten Platz – man bedenke, Rhabarber ist eine Dauerkultur für acht bis zehn Jahre. Tiefgründiger, humoser Boden, der gut die Feuchtigkeit hält, in Sonne oder Halbschatten ist optimal. Will man der Pflanze etwas Gutes tun, lockert man den Boden vor dem Pflanzen etwa zwei Spaten tief und arbeitet eine ordentliche Portion Mist oder Kompost unter. So mächtige Pflanzen wie der Rhabarber brauchen eine gute Ernährung.

Rhabarber pflanzen

Die günstigste Pflanzzeit für Teilpflanzen ist der Herbst, im September oder Oktober. Die Pflanze kann dann noch vor dem Frost gut einwurzeln. Ware im Topf kann das ganze Jahr über gesetzt werden. Ein Standort von etwa einem Quadratmeter sollte dem Rhabarber von Anfang an zugestanden werden; allerdings reichen zwei Pflanzen für eine Familie vollkommen aus.
In der Nähe des Komposthaufens, am Gartentor, am Wassergrand oder mitten im Staudenbeet – die imposante Staude ist überall ein Blickfang, vor allem wenn sie ihre hohen, milchigweißen Blütentriebe in die Höhe schiebt.

Nach dem Pflanzen ist erst einmal Geduld gefragt, denn im ersten, besser noch im zweiten Standjahr ist die Pflanze zu schonen und darf nicht beerntet werden. Der Rhabarber soll sich voll entwickeln können und dazu braucht er jedes Blatt für die Fotosynthese. Umso größer ist die Freude, wenn es endlich so weit ist. Im April des dritten Jahres gibt es den ersten frischen, knackigen Rhabarber aus dem Garten. Nicht zu vergleichen mit den welken Stängelchen im Kilobund beim Discounter.

Rhabarber ernten

Mit einer ziehenden Drehbewegung löst man die Stiele von den Bodenknospen. Beim Schneiden blieben Stummel stehen, die zu Fäulnis führen können. Blatt für Blatt dreht man heraus, doch nicht zu viele, die Pflanze braucht noch Energie für weitere: Woche für Woche drei bis vier Stängel kann man pro Pflanze ernten, ohne sie auszubeuten. Um Johanni (24. Juni) ist Ernteschluss. Es gilt die alte Bauernregel: »Kirschen rot, Rhabarber tot.« Dieses Vorgehen ist auch heute noch sinnvoll, da einerseits der Oxalsäuregehalt in den Stängeln zum Sommer hin ansteigt, andererseits die Rhabarberpflanze wie auch die Spargelpflanze eine Erholungs- und Assimilationsphase braucht zur Einlagerung von Reservestoffen für das kommende Jahr. Würde man endlos weiterernten, würde sich die Staude erschöpfen, in der Folge kümmern und schließlich eingehen.

Sehr gut lässt sich die Erntesaison aber nach vorne verlängern. Die Briten haben es uns vorgemacht. Ihre »forcer« genannten Tontöpfe mit Deckel stülpen sie über alles, was sich irgendwie antreiben lässt. Ob Rhabarber, Meerkohl oder Löwenzahn – unter den lichtundurchlässigen Tontöpfen entwickeln sich bereits im Frühjahr rasch feine, zarte Triebe. Ein umgestülpter Eimer erfüllt zwar denselben Zweck, doch echte »forcer« im Beet sind ein schöner Hingucker und lassen auch ohne Gemüse darunter das Gärtnerherz höherschlagen.

Immer wieder liest man in der Gartenliteratur, man solle den Blütentrieb des Rhabarbers frühzeitig ausbrechen, damit die ganze Kraft der Pflanze für ihr vegetatives Wachstum, sprich Blattbildung, zur Verfügung steht. Das ist sicherlich für den Erwerbsgemüseanbau wichtig, bei dem es auf jeden Stängel ankommt. Im eigenen Garten darf man sich den zauberhaften Anblick einer blühenden Rhabarberstaude durchaus gönnen und dafür auf Höchsterträge verzichten.

Mit den großen Blättern der geernteten Blattstiele lassen sich hervorragend die Wege zwischen den Beeten mulchen. Wochenlang sorgen sie dort dafür, dass kein Unkraut aufkommt, außerdem verkriechen sich die Schnecken darunter, sodass man sie ohne langes Suchen einsammeln kann.

In Zeiten, als frisches Obst nicht ganzjährig verfügbar war, wurde Rhabarber im Frühjahr sehr geschätzt, dann aber lange Zeit als »Sauerampfer« verschmäht. Rückbesinnung auf heimisches Obst und neue Verwendungsarten haben ihn in die Küche zurückgebracht. Zum Glück, denn ohne Rhabarber wäre das Frühjahr um eine pflanzliche und kulinarische Attraktion ärmer.

Das erste »Obst« des Jahres: gartenfrischer Rhabarber

Spricht man von Rhabarber, so kommt man nicht umhin, auch über Oxalsäure zu sprechen. Diese befindet sich, neben Zitronen- und Apfelsäure, die dem Rhabarber seine frisch-säuerliche Note geben, in den Blättern und Blattstielen. Sie gilt als »Kalziumräuber«, was bedeutet: Sie bildet zusammen mit Kalzium das unlösliche Salz Kalziumoxalat und sollte deshalb nicht von Menschen mit Nierenproblemen verzehrt werden, da es die Nierensteinbildung begünstigen kann.

Bei Gesunden führt Rhabarber zu keinerlei Beschwerden. Im Gegenteil: Wegen seiner blutreinigenden und

Zu schön zum Ausbrechen: Rhabarberblüte

Geballte Kraft vor der Entfaltung

»Blattstielgemüse« lautet die richtige Bezeichnung für die roten Stängel, hier 'Holsteiner Blut'.

entschlackenden Wirkung ist er genau das richtige Obst für eine Frühjahrskur. Dazu muss gartenfrischer, junger Rhabarber auch nicht geschält werden. Waschen genügt völlig, um ihn anschließend möglichst frisch zu verarbeiten: ganz klassisch zu Kompott, Konfitüre oder Rhabarberkuchen oder modern zu Chutney, Gratin oder Rhabarber-Mousse.

Das Rezeptangebot ist sicher noch nicht ausgereizt und Kombinationen mit anderen Früchten (Erdbeeren, Himbeeren) und tollen Gewürzen (Vanille, Zimt, Ingwer, Sternanis) lassen das blasse Rhabarberkompott, das früher die einzig bekannte Zubereitungsart war, richtig »alt« aussehen. Man kann in der Küche fast alles mit ihm anstellen, nur roh sollte man ihn wegen der Säuren nicht essen. Bei einer Rhabarberschwemme bietet es sich an, ihn (im Dampfentsafter) zu Saft oder Sirup zu verarbeiten – als eiskalte Schorle ein erfrischender Sommergenuss.

Bei der Frage, ob besser grünstielige oder rotstielige Sorten im Garten Platz nehmen sollten, gehen die Geschmäcker auseinander. Die grünen sind in der Regel fleischiger und ertragreicher – die roten sind milder und farblich interessanter. Besonders groß ist die Sortenauswahl hierzulande nicht. In Kanada und in der Schweiz ist das Angebot bei dieser Gemüseart wesentlich vielfältiger.

Unter allen rotstieligen Rhabarbersorten sticht vor allem 'Campell' hervor, eine kanadische Sorte mit toller Außen- und Innenfarbe und einem super Geschmack. Das Besondere an ihr ist, dass die Farbe auch nach der Verarbeitung zu Kompott oder Konfitüre noch äußerst ansprechend ist.

Und da das Auge bekanntlich mitisst, wird solchen Sorten die Zukunft gehören. Auch 'Frambozen Rood' und 'Red Valentine' sind vorzügliche rote Rhabarbersorten, die besonders für den Anbau im Hausgarten interessant sind und dort wohl bald die gute alte Sorte 'Holsteiner Blut' ablösen werden.

Süß verwurzelt

Zuckerwurzel *(Sium sisarum)*
Synonyme: Zuckermerk, Gierlein

Zuckerrübe und Zuckerwurzel klingen zwar ähnlich, eine Verwechslung ist jedoch ausgeschlossen. Die Zuckerwurzel ist ein eher unscheinbarer Doldenblütler *(Apiaceae)* und folglich enger mit der Gelben Rübe verwandt als mit der Zuckerrübe (sie gehört zu den Gänsefußgewächsen, *Chenopodiaceae*). Wie alle Doldenblütler bildet die Zuckerwurzel im ersten Jahr eine Rosette aus gefiederten Blättern, um im zweiten Jahr den typischen Blütenstand hervorzuschieben, bestehend aus vielen weißen Blütenschirmen.

Aber wie der Name schon sagt, geht es bei ihr nicht um Blatt oder Blüte, sondern um die Wurzel. Diese besteht nicht wie bei Möhre, Petersilie oder Pastinake (alles Verwandte) aus einer verdickten Pfahlwurzel, sondern aus einem ganzen Bündel etwa fingerdicker, geringelter Wurzeln, die unglaublich süß schmecken. Die aus Asien stammende Pflanze kam vermutlich im Mittelalter über Russland nach Europa und wurde in Zeiten, als alles Süße hoch geschätzt und fast unerschwinglich war, feldmäßig angebaut. Sie wurde als Gemüse gegessen, zu Sirup verarbeitet und zu Branntwein vergoren.

In alten Schriften wird die Zuckerwurzel als »süßeste, weißeste und wohlschmeckendste Wurzel der Welt« gepriesen. Mit der Zeit wurde die Zuckerwurzel jedoch mehr und mehr durch ergiebigere Gemüsearten beziehungsweise Süße liefernde Pflanzen (Zuckerrübe) verdrängt, bis fast niemand mehr etwas mit dieser süßen Wurzel anfangen konnte.

Auch züchterisch wurde die Zuckerwurzel niemals bearbeitet, obwohl sie einiges an Potenzial birgt. Sie ist süß (bis zu 8 % Zucker), anspruchslos und frosthart. Das sind eigentlich gute Voraussetzungen, um richtig in Kultur genommen zu werden, sie auszulesen nach größeren und glatteren Wurzeln und nach höherem Zuckergehalt (auch die Zuckerrübe hatte ursprünglich nur 8 % Zuckergehalt, mittlerweile jedoch 20 %).

Süße Wurzelbündel: Zuckerwurzel

Wer weiß, vielleicht ist ihre Zeit bald gekommen, bis dahin bleibt die Zuckerwurzel ein Geheimtipp: im Hausgarten und in der Küche, denn zu kaufen gibt es diese Wurzeln fast nirgendwo. Ihr Anbau im Garten ist nicht schwieriger als der von Gelber Rübe oder Petersilie.

Wichtig ist frisches Saatgut, da die Keimfähigkeit mit der Zeit schnell abnimmt. Es kann im Herbst oder im Frühjahr an Ort und Stelle gesät werden. Empfehlenswerter ist jedoch eine Vorkultur. Dazu sät man im November in Schalen aus und setzt die Jungpflanzen im Frühjahr ins Beet in einem Abstand von etwa 20 × 30 cm. Die Bodenansprüche der Zuckerwurzel sind gering. Feuchte Stellen sagen ihr besonders zu. Die Pflege beschränkt sich auf jäten und düngen.

Im Spätherbst können die feinen Wurzeln geerntet werden – nur nicht zu früh, denn Zucker und Stärke lagert die Pflanze vor allem zum Winter hin ein.
Mit der Grabegabel holt man die Wurzelbüschel aus dem Boden. Pro Pflanze ist mit 10–15 fleischigen, fingerdicken Wurzeln mit einer Länge von 15–30 cm zu rechnen. Da die Zuckerwurzel völlig winterhart ist, kann man, soweit der Boden nicht gefroren ist, nach Bedarf ernten. Oder aber man erntet auf einmal und lagert den Wurzelvorrat im kühlen Einschlag. Lässt man ein bis zwei Pflanzen stehen, so blühen sie im Folgejahr, setzen Samen an und sorgen alleine für ihren Weiterbestand im Garten.

Der Geschmack dieser Delikatesse ist aromatisch, mehlig-süß und erinnert ein bisschen an den von Schwarzwurzeln und von Pastinaken. Man braucht die Wurzeln zwar nicht zu schälen, sondern nur unter Wasser sauber abzubürsten, man sollte jedoch den Zentralzylinder entfernen. Diese faserige Verholzung in der Wurzelmitte kann vor oder nach dem Kochen leicht herausgeschält werden. Verarbeitet zu Püree oder im Ganzen kurz gegart, ist dieses bekömmliche Gemüse eine hervorragende Beilage zu Wild. Scheibchenweise unter Reis gemischt und mit Safran aufgepeppt, ist es sowohl Augen- als auch Gaumenschmaus. Ungewöhnliche Gemüse reizen zu ungewöhnlichen Zubereitungsarten. Die Zuckerwurzel reizt in jedem Fall.

Zuckerwurzel-Kürbis-Gemüse

ZUTATEN

50 g dünne Kürbisstreifen
100 g Zuckerwurzelscheibchen
Butter, Gemüsebrühe
Zitronensaft
Salz, Pfeffer, evtl. Chili
Sonnenblumenkerne

ZUBEREITUNG

- Kürbis und Zuckerwurzel in einer Pfanne mit Butter dünsten, mit etwas Gemüsebrühe ablöschen.
- Mit Zitronensaft, Salz, Pfeffer und/oder Chili abschmecken und Sonnenblumenkerne drüberstreuen.

Süß, süßer, Süßdolde

Süßdolde *(Myrrhis odorata)*
Synonyme: Spanischer Kerbel, Waldlakritz, Myrrhenkerbel, Aniskerbel

Eigentlich ist die Süßdolde kein Gemüse, auch wenn alle Pflanzenteile essbar sind. Trotzdem soll sie hier erwähnt werden. Ursprünglich kommt das üppige Doldengewächs in den Bergen vor – in den Alpen, den Pyrenäen und im Kaukasus. Doch die Süßdolde hat sich auch im Flachland eingebürgert und ist gelegentlich an Waldrändern oder in Hochstaudenfluren zu finden. Vom recht ähnlichen Wiesenkerbel *(Anthriscus sylvestris)* ist sie ganz deutlich durch größere Blattspreiten zu unterscheiden. Vermutlich sind diese wilden Pflanzen sogenannte Gartenflüchtlinge, die von der einstigen Beliebtheit der Süßdolde als Gartenpflanze zeugen.

Als Duft-, Gewürz- und Heilpflanze war sie in den Bauerngärten gern gesehen. Ihr botanischer Name weist auf ihren Wohlgeruch hin. Dieser wird verursacht durch eine Vielzahl ätherischer Öle (Anethol, Limonen u. a.), die auch für die Wirkung als Heilkraut verantwortlich sind: Sie lindern Husten und fördern die Verdauung. Eine Wohltat für den gestressten Magen ist die Süßdolde ebenfalls, und das sowohl pur wie auch als Beigabe zu Gerichten und, was unsere Vorfahren besonders schätzten, in Form von Likör.

Die anspruchslose, schattentolerante Staude mit ihren filigranen, farnartigen Blättern und den großen weißen Blütendolden bekommt man am ehesten als fertige Pflanze in gut sortierten Staudengärtnereien. Die Süßdolde selbst heranzuziehen ist nicht ganz einfach: Als Gebirgspflanze ist sie nämlich ein Frostkeimer und bei der Aussaat etwas zickig. Im Garten setzt man die Pflanze am besten im Frühjahr in frischen, humosen Boden an einen Platz im Halbschatten, an dem ihre hübsche Blüte gut zur Geltung kommt und man ihren feinen anisartigen Duft genießen kann. Auch in den Kräutergarten oder in das Duftbeet passt die filigrane Pflanzengestalt hervorragend. Ist sie gut eingewachsen, kann die Ernte schon beginnen.

Junge frischgrüne Süßdoldenblätter verfeinern das Rhabarberkompott und neutralisieren die Fruchtsäuren auf angenehme Weise, sodass kaum mehr Zucker zugegeben werden muss. Auch zu Fisch harmoniert der süßliche, anisartige Geschmack.

Eine besondere Knabberei sind jedoch nach der Blüte die unreifen, länglichen, gerippten, etwa 2 cm großen Früchte, die nach Lakritze und Anis schmecken und beim Gartenspaziergang ganz nebenbei genascht werden können. Geschmackserlebnis pur. Aber nur für Lakritzeliebhaber, alle anderen finden sie eher scheußlich. Geschmackssache eben.

Geheimtipp für Lakritzefans: Süßdoldenfrüchte

Lässt man die Samen ausreifen und gibt sie in eine Mühle, sorgen sie fein gemahlen für interessante Nuancen in Müslis, Kompotten, Kuchen, Fischsaucen und vielem mehr. Die Süßdolde ist ein besonderes Kraut, das sich in skandinavischen Ländern, besonders aber in England großer Beliebtheit erfreut.

Der Schatz aus dem Klosterteich

Wassernuss *(Trapa natans)*
Synonyme: Wasserkastanie, Jesuitennuss

Eine ganz außergewöhnliche Pflanze, die einst der menschlichen Ernährung diente, ist die Wassernuss. Sie ist eine einjährige, schwimmende Wasserpflanze aus der Familie der Wassernussgewächse *(Trapaceae)*. Ursprünglich war sie in ganz Eurasien in sommerwarmen, nicht zu flachen, mehr oder weniger stehenden Gewässern zu finden. Bereits in der Jungsteinzeit wurden ihre nussartigen Früchte als Nahrungsmittel verwendet.

Rautenförmige Schwimmblätter: die Wassernuss

Als Wasserpflanze (Hydrophyt) ist die grüne Rosette der Wassernuss mit einem langen, dünnen Stängel am Gewässergrund verankert. Im Juli/August blüht sie weiß und bildet dann vierstachlige Früchte in der Größe einer Haselnuss aus, deren stärkehaltiger Kern essbar ist. Das weiße, mürbe Innere gleicht der Edelkastanie *(Castanea sativa)* und kann genau wie diese zubereitet werden. Das heißt: gekocht und geschält als Beilage oder weiterverarbeitet zu Mehl zum Backen. Die Stacheln an den Früchten dienen zum einen der Verbreitung – wie Kletten hängen sie sich an Biber oder Fischotter und werden von diesen fortgetragen –, zum anderen helfen sie dem Samen, sich im Schlamm einzuhaken, von wo aus im nächsten Jahr eine neue Pflanze an die Oberfläche getrieben wird. Die Stacheln nutzte man früher bei der Ernte. Quellen aus Ungarn berichten, dass man dort im Herbst Wassernüsse erntete, indem man einen Schafschwanz hinter dem Boot herzog, an dem die borstigen Früchte hängen blieben.

Durch Regulierungsbauten, Flussbegradigungen und Gewässerverschmutzung ist diese merkwürdige Wasserpflanze in Deutschland mittlerweile vom Aussterben bedroht und steht auf der Roten Liste. In einigen Gegenden gibt es noch Restbestände: etwa im Kleinen Bodensee bei Karlsruhe und im Philippsburger Altrhein. Bemerkenswert ist ihr Vorkommen in alten Teichen, die zu Klöstern gehörten. Sie war also Bestandteil klösterlicher Weihernutzung. Neben Karpfen und Schleihe, Ente und Biber landete die Wassernuss auf den Tischen der Mönche.

Und das zu ihrem Wohle: In der Ayurveda-Tradition werden der Wassernuss nämlich revitalisierende Eigenschaften zugeschrieben. Außerdem führt sie »zu einer tiefgründigen Stabilisierung des Verstandes und ermöglicht das Eintreten eines höheren Zustandes der Kontemplation«. Genau das Richtige also für die Klosterbrüder. Was nicht gegessen wurde, verarbeiteten die Mönche zu Rosenkränzen. Vielleicht stammt daher der Name »Jesuitennuss«? In dem zum Kloster Scheyern in Bayern gehörenden »Sauweiher« existiert noch ein Restbestand an Wassernüssen, und man versucht dort, die traditionsreiche klösterliche Weihernutzung weiterzuführen. Im eigenen Gartenteich kann die geschichtsträchtige Wasserpflanze ohne Probleme angesiedelt werden. Zum Probieren genügen schließlich ein paar Exemplare.

Unterirdische Nuss, überirdischer Genuss

Erdmandel *(Cyperus esculentus)*
Synonyme: Chufa, Tigernuss

Aus Bioläden ist die Erdmandel nicht mehr wegzudenken, dennoch ist vielen dieses Gewächs aus der Familie der Sauergrasgewächse *(Cyperaceae)* hierzulande unbekannt. Manchem Spanienurlauber ist die Erdmandel jedoch schon begegnet. Als »Horchata de chufa« wird ein aus den kleinen Knollen hergestelltes Erfrischungsgetränk (eine Art vegane Milch) fast an jeder Ecke angeboten.

Ursprünglich stammt die Erdmandel aus den Tropen Ostafrikas und ägyptische Grabbeigaben belegen, dass die »Mandeln« schon zur damaligen Zeit Bedeutung hatten. Heute werden sie vor allem in Spanien angebaut, wohin sie im 8. Jahrhundert von den Mauren gebracht wurden. In der Region Valencia werden sie großflächig kultiviert, verarbeitet und zum Teil exportiert.

Die eigenartige Pflanze sieht aus wie ein Ziergras. Doch ihr eigentliches Talent verbirgt sich unterirdisch: Dort breitet sie sich über Rhizome aus, die ein dichtes Geflecht bilden und kleine Speicherknollen anlegen. Die Knollen sind braun, etwa erdnussgroß und enthalten bis zu 25 % Fett (aus ungesättigten Fettsäuren), etwa 30 % Kohlenhydrate, 7 % Eiweiß und jede Menge Ballaststoffe. Sie schmecken angenehm süß und haben ein Aroma, das zwischen dem frischer Mandeln und dem von Kokosnüssen einzustufen ist.

Roh, gekocht oder geröstet überraschen sie als Gemüsebeilage mit ungewöhnlichen Geschmacksnuancen. Getrocknet als Flocken sind sie eine köstliche Zutat im Müsli und zu Mus vermahlen ergeben sie einen gesunden Brotaufstrich. In der Naturheilkunde wird die Erdmandel als eine Art Überlebensnahrung betrachtet,

Ein ganz besonderes Gras: Erdmandel

da schon zwei bis drei Esslöffel ausreichen, um den Körper mit allen wichtigen Nährstoffen zu versorgen, die er braucht. Für Nussallergiker ist sie eine willkommene Alternative, da sie sehr gut verträglich ist und bei Rezepten problemlos Nüsse oder Mandeln ersetzen kann.

In Zeiten, als Kaffee noch Mangelware war, mussten die gerösteten Knollen als Kaffeeersatz herhalten, wie so viele andere Pflanzen auch. Auf den Koffeinkick wartete man dabei aber vergebens.

Der Erdmandel-Anbau im eigenen Garten lässt sich relativ leicht bewerkstelligen. Man besorgt sich am besten einige Knöllchen oder gleich Jungpflanzen, die mittlerweile von einigen Staudengärtnereien angeboten werden.

Es sind zwar keine Sorten der Erdmandel im Handel, aber mehrere Kulturformen beziehungsweise Pflanzen verschiedener Herkunft, die sich in Wuchs, Größe der Knollen und Geschmack unterscheiden. Die eingeschleppte Wildform dieses Riedgrases ist aufgrund ihres ungezügelten Wuchses in manchen Gebieten ein schwer beherrschbares Ackerunkraut geworden. Also Vorsicht vor dieser Variante.

Die Knöllchen sollten vor dem Auslegen einige Tage in Wasser quellen, dann steckt man jeweils fünf Stück in kleine Töpfe und hält sie warm und feucht. Nach den letzten Nachtfrösten kann im Abstand von etwa 30 × 30 cm ausgepflanzt werden. Eine Dammkultur wie bei Kartoffeln erleichtert die spätere Ernte. Sandiglehmiger Boden mit guter Wasserversorgung (Riedgrasgewächs!) und viel Wärme sind zur Kultur optimal.

Geerntet wird, sobald das Laub vergilbt. Mit einer Grabegabel hebt man die Wurzelstöcke aus und schüttelt die Erde ab. Die verbleibenden Knollen gibt man auf ein Sieb und wäscht sie durch. Eine Ausbeute von 100–150 g Erdmandeln pro Horst ist in guten Jahren durchaus möglich. Wenn nicht die Wühlmäuse dem Gärtner zuvorgekommen sind, die Erdmandeln ebenso als köstliche Knabberei schätzen.

Vegetarische Engerlinge

Knollenziest
(*Stachys affinis*, Syn. *Stachys sieboldii*)
Synonyme: Chinesische Artischocke,
Crosne du Japon)

Sieht man die kleinen Ziestknollen zum ersten Mal, denkt man unweigerlich an das Michelin-Männchen aus der Werbung oder aber an Engerlinge: nicht gerade appetitanregend. Aber wer es wagt, sie zu probieren, ist meist begeistert vom köstlichen Geschmack dieser weißen, sonderbar geformten Würzelchen. Denn der liegt zwischen dem von Schwarzwurzeln und Artischocken. Knackig und zart sind die Knöllchen obendrein – ein wahres Delikatessgemüse, das aber nur wenigen bekannt ist.

Ursprünglich stammt der Knollenziest aus China. Er ist verwandt mit unserem heimischen Sumpfziest *(Stachys palustris)* und gehört wie dieser zur Familie der Lippenblütler *(Lamiaceae)*. Er ist das einzige Gemüse aus dieser großen Pflanzenfamilie, der aber viele bekannte Heil- und Gewürzpflanzen angehören, etwa Majoran, Salbei und Bohnenkraut.

Der Überlieferung zufolge wurde dieses in China gängige Gemüse von einem russischen Botaniker 1882 nach Paris geschickt und ein paar Jahre später in Crosne (Frankreich) erstmals erfolgreich angebaut. Daher auch der Name »Crosne du Japon«. Allmählich breitete sich der Anbau nach England und Deutschland aus. Bereits 1897 liefert Henriette Davidis in ihrem »Praktischen Kochbuch für die gewöhnliche und feinere Küche« mehrere Rezepte für das außergewöhnliche und delikate Gemüse.

Aufgrund der aufwendigen Ernte (per Hand) und Aufbereitung (Ausbürsten unter Wasser) der kleinen Wurzelknollen und der fehlenden Lagereignung (die

Knöllchen schrumpeln sehr schnell) hatte Knollenziest immer den Status des Besonderen: Feinschmeckergemüse eben. Als »Sättigungsbeilage« waren andere Gemüsearten besser zu gebrauchen. Kurz vor dem »Aus« stand der Anbau von Knollenziest in den 1970er-Jahren, als Virosen die Bestände dahinrafften. Virusfreies Ausgangsmaterial musste her, wollte man auf die »Crosnes« in Zukunft nicht verzichten. In-vitro-Kultur machte es möglich. Virusfreies Pflanzenmaterial steht wieder zur Verfügung und ein ertragreicher Anbau ist wieder möglich. Es wäre auch schade gewesen um diese tollen Knöllchen, deren Inhaltsstoffe genauso interessant sind wie ihr Aussehen. Im Gegensatz zu den meisten Knollen, die man als Gemüse schätzt, lagert Knollenziest seine Reservestoffe nicht als Stärke ein, sondern als Stachyose, die vor allem für Diabetiker geeignet ist, weil sie insulinunabhängig verstoffwechselt wird.

Zum Ausprobieren im eigenen Garten kauft man entweder Pflanzen oder Knollen. Diese setzt man im zeitigen Frühjahr in die Erde, die sandig-humos sein sollte. Hacken, Mulchen, Düngen, Anhäufeln und Gießen führen zu einem guten Knollenansatz. Geerntet wird aber erst, nachdem das Laub einzuziehen beginnt, denn ihr Hauptwachstum haben die Knollen im Herbst und es wäre viel zu schade, sie schon klitzeklein zu ernten. Mit einer Grabegabel nimmt man die Zieststöcke auf, schüttelt die Erde ab und sammelt die Knollen ein. Was an Knöllchen im Boden verbleibt, ist das Ausgangsmaterial fürs nächste Jahr. Da *Stachys*-Knollen völlig winterhart sind, kann die Ernte bei frostfreiem Boden etappenweise erfolgen.

Sind die Knollen einmal aus der Erde, schrumpeln sie sehr schnell. Eine zügige Verarbeitung ist deshalb ratsam. Mit Bürste und Wasserstrahl sind die Knollen am leichtesten von anhaftender Erde zu befreien. Die dünne Schale kann mitgegessen werden. Legt man allerdings Wert auf reinweißes Edelgemüse, so gibt man die Knollen samt einer Handvoll grobem Salz auf ein trockenes Geschirrtuch, rubbelt alles gut durch und wäscht sie dann unter fließendem Wasser ab. Kurz blanchiert und in Butter geschwenkt sind sie eine exotisch anmutende Beilage aus dem eigenen Garten.

Kostbare Ernte: »Crosne du Japon«

Ganz schön stachelig

Cardy *(Cynara cardunculus)*
Synonyme: Kardone, Gemüseartischocke

Er stammt von derselben Wildpflanze ab wie die bekannte Artischocke (*Cynara cardunculus* var. *scolymus*, Syn. *Cynara scolymus*) und gehört zu den edelsten Gemüsen Europas. Der »Cardon épineux genevois« – zu Deutsch Cardy, Kardone oder Gemüseartischocke – wird in Genf, wo er seit dem 17. Jahrhundert angebaut wird, traditionellerweise zu Weihnachten gegessen und wurde als bisher einziges Gemüse der Schweiz ins Register der Ursprungsbezeichnung AOC eingetragen. Cardy, botanisch aus der Familie der Korbblütler *(Asteraceae)*, ist eine wilde Schönheit und stammt ursprünglich aus dem Mittelmeerraum, wo er seit Jahrhunderten angebaut wird. Während die Artischocke vor allem wegen ihrer Blütenknospen geschätzt wird, stehen beim Cardy die kräftigen, markigen Blattstiele im Mittelpunkt. Diese werden gebleicht – also vom Licht ferngehalten –, um zart, hell und mild zu bleiben. Ihre Konsistenz erinnert an Sellerie, ihr Geschmack an Artischocke mit diesem Hauch Bitterkeit, die dem Inhaltsstoff Cynarin geschuldet ist. In der Haute Cuisine ist dieses Blattstielgemüse ein Klassiker – in Deutschland hingegen eine fast vergessene Erscheinung.

Gesund und schön – Cardygemüse

Der Anbau ist eindrucksvoll, denn die Pflanzen erreichen Höhen von bis zu 2 m, entwickeln große, ornamentale Rosetten und wirken im Garten wie riesige Zierdisteln. Ausgesät wird im Frühjahr, möglichst unter warmen Bedingungen. Direktsaat ist möglich, sicherer ist jedoch die Vorkultur im Haus und die Auspflanzung nach den letzten Frösten. Der Cardy liebt Sonne, Platz und nährstoffreiche, tiefgründige Böden. Dann heißt es wachsen lassen – und vor allem: bleichen! Denn ohne diese traditionelle Technik bleiben die Blattstiele faserig und bitter.

Zum Bleichen werden die Blattstiele der stehenden Pflanze etwa zwei bis drei Wochen vor der Ernte am Feld zusammengebunden und mit Stroh, Jutesäcken oder lichtdichtem Vlies umwickelt, sodass die Pflanzen wie kleine Palmen aussehen. Dadurch verlieren sie etliche Bitterstoffe, werden heller, zarter und angenehmer im Biss. Für die Verwendung in der Küche will Cardy vorbereitet sein: Die Stiele werden von Blattresten und Fasern befreit, in Stücke geschnitten und kurz gewässert oder blanchiert. Dann kann er gratiniert, mit Béchamelsauce überbacken oder in Eintöpfen verwendet werden.

In milden Regionen kann man die Pflanzen auch überwintern, oft treiben sie im zweiten Jahr erneut aus. Die dann erscheinenden leuchtend violetten Blütenköpfe stehen denen der Artischocke in nichts nach und machen den Cardy zu einer spektakulären Erscheinung im Staudenbeet.

Cardy ist kein Alltagsgemüse. Er fordert – aber er belohnt auch. Mit einem einzigartigen Aroma, einer beeindruckenden Erscheinung und einer Geschichte, die weit zurückreicht. Wer ihn einmal im Garten hatte, vergisst ihn nicht – und wer ihn einmal auf dem Teller hatte, will ihn unbedingt wieder haben.

Die prachtvollen Blüten der Cardy erinnern an die Blüten der Artischocke. Kein Wunder, beide sind nah verwandt. Im Garten beeindrucken sie durch ihre Eleganz, in der Küche werden ihre zarten Blattstiele geschätzt.

Saisonkalender für Gemüse

JAN
FEB
MÄR
APR
MAI
JUN
JUL
AUG
SEP
OKT
NOV
DEZ
Meerkohl
Melde
Möhre
Neuseeländ. Spinat
Pastinake
Radicchio
Rettich
Rhabarber
Rosenkohl
Rote Bete
Rotkohl
Schwarzwurzel
Spargel
Speiseplatterbse
Speiserübe
Stangenbohne
Stangensellerie
Steckrübe
Stielmus
Tomate
Topinambur
Weißkohl
Winterheckzwiebel
Winterrettich
Wirsing
Zucchini
Zuckermais
Zuckerschote
Zwiebel
Saison
Hochsaison

Weiterführende Adressen

Organisationen, die sich für Kulturpflanzenvielfalt engagieren

Deutschland
Dreschflegel GbR
In der Aue
37202 Witzenhausen,
Tel.: 0 5542/502744
www.dreschflegel-saatgut.de

Freie Saaten
Haßlocher Straße 1
97459 Bohl-Iggelheim
www.freie-saaten.de

VEN e.V. (Verein zur Erhaltung der Nutzpflanzenvielfalt e.V.)
Bergstraße 19
54610 Büdesheim
www.nutzpflanzenvielfalt.de

Österreich
Arche Noah
Obere Straße 40
A-3553 Schiltern
Tel.: +43 2734/8626
www.arche-noah.at

Schweiz
ProSpecieRara
Hellgasse 1, CH-5103 Wildegg
Tel.: +41 615459911
www.prospecierara.ch

Frankreich
Association Kokopelli
Foret de Castagnes Route de Sabarat
F-09290 Le Mas d' Azil
www.kokopelli-semences.fr

Bezugsquellen für Saatgut

Deutschland
Bingenheimer Saatgut AG
Kronstraße 24
61209 Echzell
Tel.: 06035/18990
www.bingenheimersaatgut.de

grüner Tiger
Fallerstraße 18
82433 Bad Kohlgrub

Hof Jeebel/Biogartenversand
Jebel 17, 29410 Salzwedel
Tel.: 039037-781
www.biogartenversand.de

Ellenbergs Kartoffelvielfalt GbR
Ebstorferstraße 1
29576 Barum
Tel.: 05806-304
www.kartoffelvielfalt.de

Sativa Biosaatgut GmbH
Keltenweg 4
79798 Jestetten
www.sativa.bio.de

Österreich
ReinSaat
A-3572 St. Leonhard 69
Tel.: +43 29872347
www.reinsaat.at

Schweiz
Zollinger Bio Sàrl
Route de La Praille 20
CH-1897 Les Evouettes
www.zollinger.bio

Botanik Sämereien AG
Talstraße 35
CH-8808 Pfäffikon
www.saemereien.ch

KCB-Samen GmbH
Bordeaux Straße 5
CH-4053 Basel
Tel.: +41 612731145
www.kcb-samen.ch

Frankreich
Graines Baumaux
2 Ferme du Chateau
F-88500 Marzirot
www.graines-baumaux.fr

Italien
Arcoiris s.r.l.
Via Placido Rizzotto 46
I-41126 Modena
www.arcoiris.it

Niederlande
De Bolster
Oude Oenerweg 13
NL-8161 PL Epe
Tel.:+31 578-621433
www.bolster.nl

England
Thompson&Morgan
Poplar Lane
Ipswich Suffolk PB 3 BU
www.thompson-morgan.com

Verwendete und weiterführende Literatur

Achtner-Theiss, E./Kumm, S.: **Mangold und Pastinake. Vergessene Gemüsesorten neu entdeckt.** Jan Thorbecke Verlag, Ostfildern, 2007

Becker-Dillingen, J.: **Handbuch des gesamten Gemüsebaus.** Parey Verlag, Berlin, Hamburg, 1956

Buser, M./Koch, A.: **Von fast vergessenen Gemüsen, Kräutern und Beeren.** FONA GmbH, Lenzburg, 2004

Davidis, H.: **Der Küchen- und Blumen-Garten für Hausfrauen.** Manuscriptum Verlagsbuchhandlung, Waltrop, Leipzig, 2009 (1877)

Ditter, M./Pils, J. (Hg.): **Das Manuscriptum Handbuch der Lebensmittel. Von der Erzeugung bis zum Genuss.** Manuscriptum Verlagsbuchhandlung, Waltrop, Leipzig, 2007

Guillet, D.: **The Seeds of Kokopelli. A manual for the production of seeds in the family garden.** A directory of Heritage Seeds. Alès: Association Kokopelli, 2002

Heistinger, A.: **Arche Noah Handbuch Bio-Gemüse.** Loewenzahn Verlag, Innsbruck, 2010

Klaphake, U./Lüdemann, K./Jensen, D.: **Reichtum ernten.** Franckh-Kosmos Verlags-GmbH & Co. KG, Stuttgart, 2009

Koller, B./Reisinger, J./Liewehr, S.: **Arche Noah Kochbuch der geretteten Obst- und Gemüsesorten.** Christian Brandstätter Verlag, Wien, 2011

Lorey, H.: **Gemüse für Garten und Küche wiederentdeckt.** Landwirtschaftsverlag GmbH, Münster, 2005

Lorey, H.: **Tartuffi – Alte Kartoffelsorten neu entdeckt.** Landwirtschaftsverlag GmbH, Münster, 2006

Meuth, M./Neuner-Duttenhofer, B.: **Wo die glücklichen Hühner wohnen.** Verlagsgruppe Lübbe GmbH & Co. KG, Bergisch Gladbach, 2008

Müller, Ch. (Hg.): **Urban Gardening. Über die Rückkehr der Gärten in die Stadt.** Oekom-Verlag, München, 2011

Palme, W./Reisinger, J./ Dungl-Krist, C./Dungl-Zauner, A.: **Faszination Gemüse. Spezialitäten für Garten, Küche & Gesundheit.** Österreichischer Agrarverlag, Wien, 2006

Steiner, E. (Hg.): **Kraut & Rüben – Kulturpflanzen im Blickpunkt.** Freya Verlag KG, Linz, 2011

Schaugärten

Land	Schaugarten/Einrichtung	Ort	Webseite	Kurze Info
Deutschland	Botanischer Garten Berlin-Dahlem	Berlin	bo.berlin	Großer Botanischer Garten mit umfangreicher Sammlung alter Gemüsesorten und Kulturpflanzen.
Österreich	Arche Noah Schaugarten	Schiltern, Niederösterreich	arche-noah.at	Fokus auf Erhalt und Präsentation alter und seltener Gemüsesorten.
Schweiz	ProSpecieRara	Brüttelen, Kanton Bern	prospecierara.ch	Organisation zum Schutz und Erhalt alter Pflanzen- und Tierrassen, inklusive Gemüsesorten.
Frankreich	Jardin des Plantes	Paris	jardindesplantesdeparis.fr	Historischer Garten mit Bereichen für alte Nutzpflanzen und Gemüsesorten.
Frankreich	Potager du Roi	Versailles	en.wikipedia.org/wiki/Potager_du_roi	Historischer königlicher Gemüsegarten mit traditionellen Anbaumethoden und alten Sorten.
Niederlande	Hortus Botanicus Leiden	Leiden	hortusleiden.nl	Einer der ältesten Botanischen Gärten, spezialisiert auf historische und seltene Pflanzen.

Bildnachweis:
Cover: **Stocksy** (Darren Muir)

Alle Fotos im Innenteil stammen von **Katrin Schumann**, außer:
Bärbel Steinberger: 34, 67, 99, 132-2
Adobe Stock: 47 (laura), 160 (Michele Ursi); **Alb-Leisa, Lauterbach:** 104 (Mammel); **blickwinkel:** 174 (R. König); **GAP Gardens:** 93 (Tim Gainey); **Lichtbilder Kristina Wagner:** 191-2; **Okapia:** 87 (Manfred Ruckszio); **ReinSaat:** 172; **Wikipedia (de.wikipedia.org):** 117 (Robert Helmut Bauer, Eintrag: »Schwarzblaue aus dem Frankenwald«, CC BY-SA 3.0); **Jana Zellmer Fotografie**: 191-1

Grafiken:
Beetplan: **Sylvia Bespaluk** (Seite 25); Papierstruktur: **iStock** (Svetlanais); Schmucklinien: **Alamy** (Yulia Malinovskaya); Icon Rezepte: **Shutterstock** (Vasya Kobelev)

Stichwortverzeichnis

Sachverzeichnis

Fett gesetzte Seitenzahlen verweisen auf Fotos

Rezeptverzeichnis

Gemüsearten und -sortenverzeichnis

In diesen Gärten wurde fotografiert

Kleingarten Weihenstephan
Forschungsanstalt für Gartenbau Weihenstephan
Am Staudengarten 7
85354 Freising
Tel.: 0 81 61 – 71 40 26
www.hswt.de/fgw/lehrgaerten.html

Klaus Wagenhuber & Dirk Ludewig
Sandortstraße 97
33775 Versmold
Tel.: 0 54 23 – 93 12 85
www.privatgarten-wagenhuber.de

Irene und Michael Eisenknappl
Kleinlintach 9
94327 Bogen
Tel.: 0 94 22 – 80 98 89
www.netzwerk-privatgaerten.de

Angela und Andreas Marmor
Bonifaz-Stöckl-Str. 7
84066 Mallersdorf-Pfaffenberg
Tel.: 0 87 72 – 91 53 09
www.lustaufunkraut.de

De Boschhoeve
Dineke Logtenberg und Gerard Jurrius
Boshoeve 3
NL-6874 NB Wolfheze
Tel.: +31 (0) 26 – 482 12 31
www.boschhoeve.nl

Die Sortenbeschreibungen stammen aus folgenden Katalogen

Arche Noah:
Sortenhandbuch 2011 und 2012
Samen & Pflanzen
Erhalterinnen & Erhalter

VEN e.V.:
Verein zur Erhaltung der Nutzpflanzenvielfalt e.V.
Samenliste 2008

Dreschflegel:
Saaten und Taten 2010

Sativa:
Ökologisches Saat- und Pflanzgut
Saatgutkatalog 2011

The seeds of Kokopelli:
A manual for the production of seed in the family garden
A directory of Heritage Seeds 2002

ReinSaat:
Gemüse-, Kräuter- und Blumensaat gut aus biologisch-dynamischen und organisch biologischem Anbau 2011

grüner Tiger:
Handbuch Alte Kulturpflanzen
Sortenbeschreibungen – Anbau – Verwendung 2000

ProSpecieRara:
Datenbank Sorteninfo
www.prospecierara.ch

Tartuffi:
www.erlesene-kartoffeln.de

KCB-Samen:
Kürbissamen-Katalog 2008
www.kcb-samen.ch

Ellenberg:
Onlineshop/Speisekartoffeln
www.kartoffelvielfalt.de

Bio Hof Jeebel:
Onlineshop/Pflanzkartoffeln
www.biogartenversand.de

Vielen Dank für die Erlaubnis zur Übernahme.

Über die Autorinnen

Bärbel Steinberger lebt mit ihrer Familie auf einem Einödhof in Niederbayern. Sie studierte Gartenbau an der FH Weihenstephan und ist als selbstständige Gartenplanerin tätig. Ihre Liebe gilt den ländlichen Gärten, vor allem den Bauerngärten. In ihren Vorträgen, Seminaren und Ratgebern begeistert sie Gartenfreunde mit ihrer Leidenschaft für Pflanzen.

Katrin Schumann kombiniert gärtnerisches Wissen mit fotografischem Können. Nach ihrer Ausbildung an einer Baumschule studierte sie Gartenbauwissenschaften an der Technischen Universität München und war dort u. a. am Lehrstuhl für Obstbau tätig. In Au/Hallertau arbeitete sie außerdem 15 Jahre lang als Gärtnerin in dem Betrieb Flora Mediterranea. Ihre Landschafts- und Gartenfotografien werden in zahlreichen Fach- und Gartenzeitschriften veröffentlicht. Seit einigen Jahren lebt sie mit ihrer Familie in einem kleinen Weiler im Bayerischen Wald. Dort hat sie mit ihrem Mann ein altes Bauernhaus renoviert und auf dem 4500 m^2 großen Grundstück einen Bauern- und Staudengarten angelegt.

Danksagungen

Ich danke meiner Familie für ihre Geduld, ihre Ratschläge, ihre Ermutigung und das Glück, das sie mir bedeutet. Danke an Katrin Schumann, die mir durch ihren fotografischen Blick Gemüse oft ganz neu entdecken ließ. Danke an alle Marktfrauen, Gärtner, Hobbygärtner und Hausfrauen, die so viel von ihrem Erfahrungsschatz preisgegeben haben. Und an alle Übrigen, die an diesem Buch mitgewirkt haben.

Bärbel Steinberger

Mein herzlicher Dank gilt allen, die an diesem Buch mitgewirkt haben, insbesondere meiner Familie und meiner Freundin Bärbel. Sie waren stets bereit, mich bei meinen Fotos zu unterstützen und gegebenenfalls Modell zu stehen. Besonderer Dank gilt auch allen Gartenbesitzern, die bereit waren, mich in ihrem Garten fotografieren zu lassen.

Katrin Schumann

GU

LIEBE LESERIN, LIEBER LESER,

wie wunderbar, dass Sie sich für ein Buch von GU entschieden haben! In unserem Verlag dreht sich alles darum, mit gutem Rat Ihr Leben schöner, erfüllter und einfacher zu machen. Unsere Autorinnen und Autoren sind echte Expertinnen und Experten auf ihren Gebieten, die ihr Wissen mit viel Leidenschaft mit Ihnen teilen. Und unsere erfahrenen Redakteurinnen und Redakteure stecken viel Liebe und Sorgfalt in jedes Buch, um Ihnen ein Leseerlebnis zu bieten, das wirklich besonders ist. Qualität steht bei uns schon seit jeher an erster Stelle – jedes Buch ist von Büchermenschen für Buchbegeisterte gemacht, mit dem Ziel, Ihr neues Lieblingsbuch zu werden.

Ihre Meinung ist uns wichtig, und wir freuen uns sehr über Ihr Feedback und Ihre Empfehlungen – sei es im Freundeskreis oder online.

Viel Spaß beim Lesen und Entdecken!

PS: Hier noch mehr GU-Bücher entdecken: www.gu.de

FÜR DIE UMWELT

Dieses Buch wurde auf PEFC-zertifiziertem Papier aus nachhaltiger Waldwirtschaft gedruckt. Aus Liebe zur Natur verwenden wir leichtes Papier.

DIE BÜCHERMENSCHEN HINTER DIESEM PROJEKT

Verlagsleitung: Nadja Harzdorf-van Wickeren
Projektleitung: Jens van Rooij
Lektorat: Angelika Lang, Sandra-Mareike Kreß
Schlusskorrektur: Andrea Lazarovici
Cover: zero-media.net, München
Innenlayout: ki 36 Editorial Design Bettina Stickel
Satz: Anton Walter
Herstellung: Renate Hutt
Reproduktion: Medienprinzen GmbH, München
Druck & Bindung: Firmengruppe APPL, aprinta druck, Wemding

Grillparzerstraße 8, 81675 München

www.gu.de/kontakt | hallo@gu.de

GU ist eine eingetragene Marke der GRÄFE UND UNZER VERLAG GmbH

1. Auflage 2025,
ISBN: 978-3-8338-9975-1

WICHTIGER HINWEIS

Die Gedanken, Methoden und Tipps in diesem Buch basieren auf den Erfahrungen unserer Autorinnen und Autoren. Sie wurden nach bestem Wissen erstellt und mit größtmöglicher Sorgfalt geprüft. Weder die Autoren noch der Verlag können jedoch für eventuelle Nachteile oder Schäden, die aus den im Buch gegebenen praktischen Hinweisen resultieren, eine Haftung übernehmen.

WERDEN SIE TEIL DER GU-COMMUNITY!

Sie und Ihre Familie, Ihr Haustier, Ihr Garten oder einfach richtig gutes Essen. Egal, wo Sie im Leben stehen: Als Teil unserer Community entdecken Sie die neuesten GU-Bücher als Erstes, Sie genießen exklusive Leseproben und werden mit wertvollen Impulsen und kreativen Ideen bereichert.

Worauf warten Sie? Seien Sie dabei!

www.gu.de/gu-community

WARUM UNS DAS BUCH BEGEISTERT

Dieses Buch ist wie eine Zeitreise in die Gemüsegärten unserer Groß- und Urgroßeltern und steckt voller Geschmackserlebnisse, die heute kaum noch jemand kennt.

Nadja Harzdorf-van Wickeren, Verlagsleitung